Pearson

超越需求

敏捷思维模式下的分析

[美] Kent J. McDonald 著　霍金健 译

Beyond Requirements

Analysis with an Agile Mindset

人 民 邮 电 出 版 社
北 京

图书在版编目（CIP）数据

超越需求 : 敏捷思维模式下的分析 / (美) 肯特·J. 麦克唐纳 (Kent J. McDonald) 著 ; 霍金健译. -- 北京 : 人民邮电出版社, 2017.3（2021.8重印）

书名原文: Beyond Requirements : Analysis with an Agile Mindset

ISBN 978-7-115-44735-7

Ⅰ. ①超… Ⅱ. ①肯… ②霍… Ⅲ. ①软件需求分析 Ⅳ. ①TP311.521

中国版本图书馆CIP数据核字(2017)第022919号

内 容 提 要

项目成败的关键在于是否在“做正确的事情”，而本书正是从分析的角度帮助项目来做到这一点。本书中分析活动是指对人（利益相关者和用户）、情境（人所处的环境）、利益相关者的需要以及解决方案的分析和理解，同时，分析活动要贯穿项目始终，将敏捷思维模式应用在所有分析活动中，才能助力项目成功。本书共分 4 个部分 15 章，内容涵盖将敏捷思维模式应用到分析中会涉及的理念、案例分析、技术和相关资源。本书并没有将太多篇幅放在解释那些已被证明的技术上，而是更注重实用性，注重如何选择合适的方法进行需求分析。

本书非常适合正在对项目进行分析工作的人员阅读。这些人员可能是业务分析师（或由此派生的职务）、产品负责人、产品经理、项目经理、测试人员或开发人员。

◆ 著　[美] Kent J. McDonald
译　霍金健
责任编辑　杨海玲
责任印制　焦志炜

◆ 人民邮电出版社出版发行　北京市丰台区成寿寺路 11 号
邮编　100164　电子邮件　315@ptpress.com.cn
网址　http://www.ptpress.com.cn
北京天宇星印刷厂印刷

◆ 开本：720×960　1/16
印张：15.75
字数：285 千字　2017 年 3 月第 1 版
印数：4 201 – 4 950 册　2021 年 8 月北京第 5 次印刷

著作权合同登记号　图字：01-2016-2073 号

定价：55.00 元

读者服务热线：(010)81055410　印装质量热线：(010)81055316
反盗版热线：(010)81055315
广告经营许可证：京东市监广登字20170147号

版权声明

推荐序一

唯一不变的是变化本身。

人们通过持有智能设备快速了解周围事物，了解认知的变化，实时洞悉身处所在。先进技术的使用已是众所周知，早有“旧时王谢堂前燕，飞入寻常百姓家”之势。在今天，技术不再是稀有专业领域的制胜法宝，它已经由原来的专业人士专属时代进入大众共享时代。技术相关的项目（我们在这里简称 IT 项目），更是如雨后春笋般地涌现。相比之前，这些 IT 项目更加日常化、资本化、大众化、极速化。然而，它们的失败概率更高了。一方面竞争加剧，竞品追赶，更多的时间被花费在机会抢夺战上；另一方面用户思维、场景故事不断演变，跟随着“人”这个最核心的入口不断调整策略。

近几年，我有机会接触上百家技术团队并伴随他们一起成长，见证了他们从原来的传统研发模式发展到云化研发模式，以及迭代速度与工程效率的极致变化，给大家带来巨大挑战的同时，也带来了发展机遇。其中，不乏优秀突出的卓越者，以及维持业务的护航者。他们对组织战略的理解和核心项目（或产品）的“需求”把握，以及“需求”升级演变中如何高效研发、发布等问题，都有着非常出色的文化支撑和一系列配套工具。

中秋节前拿到这本《超越需求》（Kent 的《Beyond Requirements》）的译者发来的样章，试看了几章，我感同身受。Kent 认为需求管理不是简单的收集、分析、传达，而是和设计站在同一战略视角解决问题、达到预期结果，在思维和文化上达成共识。同时，围绕敏捷环境下的迭代需求，如何使需求分析活动伴随在敏捷开发、测试和部署中间，自然而然适应变化的问题，Kent 花费了比较多的笔墨，知其然并知其所以然地进行了结构化的分解，并引入了大量手绘和工具模板，以阐述不同程度阶段带来的变化，他称此为——技术。

希望本书能帮助读者在这个充满变化和机遇的今天，超越需求，抵达彼岸。

刘付强

麦思博（msup）有限公司首席执行官

推荐序二

半个多世纪之前，温斯顿·罗伊斯（Winston Royce）在其论文中第一次提出了“瀑布模型”（Waterfall Model）。在之后相当长的历史时期内，“需求分析－设计－实现－测试－运维”的顺序式进行就成了大家追捧和遵循的经典流程。后来罗伯特·库珀（Robert Cooper）提出了“阶段－门限”（Stage-Gate）的方法，在阶段中开展工作，在门限上进行评审，一切看起来是那么完美和优雅。

诚然，完善的流程极大地提升了软件项目的规范性。然而，为了保证项目“铁三角”（范围、时间、成本、质量的平衡）的约束性，真正的客户需求和价值往往受到忽视。在一轮又一轮的过程改进的洗礼中，项目交付成功率的提升效果甚微。

当时间进入 21 世纪，敏捷开发的大潮汹涌澎湃地奔向我们。价值驱动交付、迭代开发、交互协作、检查和适应等一系列崭新的理念，促使我们重新思考软件项目实施的方式，探索新模型和已有模型的融合与发展。

在产品研发中，得需求者得江湖，超越需求者得天下！

我们从来都不缺少体系和模型，如需求分析领域著名的业务分析知识体系（BABOK）和业务分析核心概念模型（BACCM）。而且在我开展的咨询项目中，大多数客户都会说：“把这些实践梳理成体系吧”。遇到这种情况，我的回应是：“试点项目是探索实践的过程，过早引入体系会带来约束。”但同时我也会解释：“流程体系的梳理可以在组织规范期逐渐建立，在组织成熟期有效使用。”

在这个观点上，我与本书作者 Kent 的理念完全吻合。当谈及“项目”时，Kent 说，由于瀑布模型采用“项目”这一术语，给大家的印象往往是约束性和临时性较强，以至于敏捷社区对“项目”一词非常排斥。其实这完全没有必要，当我们谈到“项目”时，应该“承认它的价值”。Kent 在书中完美地诠释了在敏捷模型下如何进行需求分析，但他并没有提出一套新的“分析流程”，而是站在“体系”的视角沿着项目生命周期进行，用这种融合的思想处理需求分析的问题这一点在本书中体现得淋漓尽致。

本书的看点颇多，值得大家细细品味。这里我简单分享一下自己的感受。第一，作者是站在敏捷模型视角下，把需求分析作为一项工作而不是一个角色。从业务分析师、PO、产品经理、项目经理、开发和测试人员多个角度描述分析能力的培养和活动的执行。第二，本书第二部分所描述的案例生动翔实，很具代表性，甚至很多场景都是我们现实工作环境中发生的，让读者很容易产生代入感。“敏捷联盟的投稿系统”的案例，让我想起了多年前在读研究生时，也曾想用软件系统实现论文投稿管理（并且我真做了一个），甚至让我有种“重操旧业”的冲动，想要借助本书中的理念和技术再去进行需求分析和系统完善。第三，书中提到了多种用于需求分析的技术，从人员、环境、问题、方案、执行等多个维度进行了立体化的描述，这部分内容对于读者进行落地实践极具指导意义。第四，本书译文逻辑清晰、行文流畅，秉承“信、达、雅”的翻译原则，充分展示出译者多年项目管理和需求分析的功力！

最后，我想说的就是，本书的名字——《超越需求》——取得特别好。我在带领团队进行需求分析和产品开发时，经常要求团队：“需求不仅仅是用来实现的，更是用来超越的。”我想这也是 Kent 的书中要传达的理念吧！

推荐大家阅读本书，祝大家阅读愉快！

李建昊
光环国际董事副总裁
敏捷开发和产品管理资深专家

译者序

终于见面了。

2016 丙申猴年春节前夕，看到这本书的英文原版，竟然有种“相逢情便深，恨不相逢早”的感觉。本书内容居然与我们研发的一门最受欢迎的课程有 50%以上的重合，而且整体逻辑也基本一致，有鉴于此，岂能错过？联系出版社表达了希望翻译的意愿，居然已经有两组人在试译，马不停蹄地利用春节小长假提交了试译稿，终于在 3 月确定了合作。

项目成败的关键在于是否在“做正确的事情”（do right thing），而本书正是从分析的角度帮助项目来做到这一点。本书中分析活动是指对人（利益相关者和用户）、情境（人所处的环境）、利益相关者的需要以及解决方案的分析和理解，同时分析活动要贯穿项目始终。

看到本书的目录，我已然喜不自胜，书中大部分内容都有相同的感受。有两个失败的项目至今想来仍然历历在目。第一个是几年前负责的一个项目，针对某款手机操作系统，提升内建质量，遗憾的是当项目目标将要达成时，整个产品却被喊停。另一个项目是一款移动 App，产品经理设计了几个酷炫的功能作为卖点，可用户并不认同，最终产品被砍掉。“错误的方向，越努力，离成功越远。”本书就试图解决这个问题，而这也是我这些年一直在摸索并尝试的方向。

让我们把视角扩大到整个软件开发项目，结果更加触目惊心。2015 年的 Chaos 报告显示，从 2011 年到 2015 年软件开发项目的失败率并未显著降低（2011 年为 22%，2015 年为 19%），但对项目规模进行详细分析显示小型项目的成功率（62%）远远高于大型项目（2%～6%）。对于大型项目，使用敏捷方法的成功率是传统瀑布方法的 6 倍（18%对 3%），失败率是传统瀑布方法的一半（23%对 42%），但无论采用敏捷方法还是传统瀑布方法，都有超过 5 成的大型项目遭遇了严重挑战。而影响项目成功的十大因素中跟人相关的因素（高层支持、团队合作、用户参与）高居榜首。本书针对利益相关者提供了两类技术：第一类技术有助于你理解你正要满足他们的需要的这些人——也称作利益相关者分析；第二类技术有助于更好地理解真正使用解决方案的人，称之为用户分析。

“春江水暖鸭先知”，身处互联网行业已有 5 年，我对行业的变化感受颇深。PC 互联网经历了 18 年的增长周期，而移动互联网自 2012 年至今只用了大概 4 年，移动互联网初期发展主要得益于人口红利释放，但最近 2 年用户规模增速在明显下降，产品的挑战越来越大。这从 2015 年苹果公司的 App Store 排行榜的数据可见一斑。2015 年共有 1933 款不同的应用先后进入 iTunes 免费应用排行榜中，前 3%的应用长期占据榜单，很少发生变化。但中位数只有 2 天，即有一半的应用在榜单中出现的天数在 2 天以内，更不用说还有大量没有进入榜单的应用。用户的选择增多，如何有效获取用户注意力，是项目成败的衡量指标之一，而项目要取得成功必须要应对巨大的挑战。本书从分析的角度提供了一个解决框架，有助于应对移动互联网时代的巨大挑战。整体框架从产品愿景和目的（用户的真实需要）出发，对齐组织战略，明确各种活动的价值（校检活动、差异化活动和合作伙伴活动），并确定合理的目标。知易行难，本书通过几个研究案例前后呼应，在帮助读者理解的同时，也可以用做实际落地时的参考。

不但互联网企业需要面对巨大挑战，传统企业亦如此。尤其是在“互联网+”作为国家战略提出之后，传统企业纷纷提出转型之道，希望互联网和每一个行业、每一个企业结合来提升运营的效率，从而推动企业持续高速增长。战略转型、企业转型、产品转型、团队转型、组织转型，各种转型纷至沓来，但如何确保转型能够成功？当今世界已经进入了反复无常、充满变数、错综复杂而又模棱两可（Volatile、Uncertain、Complex、Ambiguous，VUCA）的时代。在 VUCA 时代，复杂问题的解决能力、高效的分析决策能力、快速迭代的研发能力和低成本的试错能力已经成为企业必要的生存技能。本书从分析的视角出发，将这 4 点贯穿打通，形成整体框架，从项目的分析阶段和交付阶段入手，详细介绍适用于不同阶段的技术和方法，并对如何进行选择和使用提供指导原则和注意事项。

雷·库兹韦尔在《奇点临近》中收集了很多关于信息相关技术明显加速的经验数据，并提出了加速回归理论，以论证在宇宙的总体进展中，技术和进化将以指数级的速度向前推移的趋势。技术的进步除了为技术人员带来便利，也带来了挑战：在什么情况下应该选用什么技术，有什么成本和收益，都需要综合评估。对于这些问题，本书介绍的理解解决方案的技术能够帮助进行决策。

“形兵之极，至于无形”，本书首先从无形的价值观开始，提出了 7 个重要的指导原则。第一部分的结尾给出了项目全生命周期的分析框架，从而明确了每个阶段要解决什么问题以及需要什么技术。在介绍具体技术之前，第二部分先给出了几个研究案例，以故事讲成果，令读者更容易理解情境，从而更容易参考使用。第三部分介绍具体技术时，遵循统一的格式：

- 定义；
- 例子；
- 何时使用；
- 为什么使用；
- 如何使用；
- 警告和注意事项；
- 附加资源。

对于读者而言，这种格式兼具可读性和查找的方便性。希望这本书中所提供的方法，能够帮助企业走上适合自己的成功变革之路，从容应对未来的挑战。

最后，感谢家人对我的支持，让我奢侈地利用了大量周末和晚上的时间来完成译稿；感谢付强和建昊，你们的鼓励让我内心更加踏实；感谢责任编辑杨海玲老师，你的耐心和支持是我前进的助推器；感谢我的同事们，从你们身上我学到了非常优秀的实践经验。

前言

本书的内容

我写作本书旨在描绘 IT 项目分析的全貌，并在敏捷思维模式下应用这些分析技术，以使这些项目更加高效。鉴于这一目的，我认为分析活动涉及：

- 理解**利益相关者**[①]；
- 理解**情境**；
- 理解**需要**；
- 理解**解决方案**；
- 组织并持久保存解决方案信息。

正如我在第 1 章介绍的，利用敏捷的思维模式进行这些活动，那么团队所处的位置就是满足利益相关者需要的最佳位置。因此，我假设人们以敏捷的思维模式进行工作（这取决于每个人都采用这种模式）而且他们也在使用敏捷技术。当然，我介绍的大部分技术也可以在其他环境中使用，但这些技术和敏捷方法结合使用时能够发挥最大效用。

本书适合的读者

如果你正在对一个项目进行分析工作，以便确保项目在交付正确的事情，那么本书就是为你准备的。此时你可能会发现自己是**业务分析师**（或由此派生的职务）、产品负责人、产品经理、项目经理、测试人员或开发人员。

我选择的目标受众是执行分析活动或具有分析能力的人，而不是作为分析师角色的人，或者以分析师作为职业的人。虽然具有分析技能的人大部分都是作为分析师角色的人，但我不希望在本书中出现类似这样的建议，如"分析师做这个，开发人员做那个，而测试人员做另外一些事情。"因此我宁愿描述为什么以及何时这个技术是最合适的，而把确定谁是执行各种活动的最合适人选的工作留给你和

① 本书中凡是以黑体字呈现的词语在书后的"术语表"中都有对应的词条说明。——编者注

你的团队。在很多情况下，最终团队中的多个人都会进行分析活动，以便充分利用强大的技术和业务知识。

业务分析师的角色之所以存在，主要是因为过去有些组织使用了一种预先规定的基于阶段的方法来进行软件开发。在这种方法里，项目中有一个阶段的主要工作是获取并记录需求。因为按照项目运作的方式安排软件开发团队的组织结构是合理的，于是在分析阶段工作的所有人员都集中在一起，并被称为业务分析师。但收集并记录需求并没有为做这件事情的人带来足够的职业自豪感。于是当分析社区的成员看到项目经理的成功并可以享受项目管理职业的成就时，他们也选择了同样的路。

由于**业务分析**的“职业化”运动，出现了很多好的事物，这包括考虑要对分析技术进行更多的培训和投入。然而，由于要证明需要一个单独的职业来获取、记录并管理需求，导致了过度专业化，从而也削减了其所带来的好处。所以把精力花在弄清楚如何运用分析技术帮助项目成功，才是更好的办法。

但这并不能改变一个事实，即你有一个业务分析师的头衔，而且你已经花了相当多的职业生涯磨炼业务分析技能。但这意味着什么呢？把分析作为活动而不是角色、头衔或职业来看待的话，就意味着你可以使用分析技术的深入知识，帮助团队用正确的方式解决正确的问题，同时在可能的时候也可以帮助项目的其他活动。

本书适用的场景

本书侧重于 IT 项目中的分析活动。IT 项目是指任何产生解决方案的项目，往往会涉及软件，以便于支持内部业务流程，自动化人工流程，或简化当前的流程。例如，实现系统用以支持会议投稿流程，实现系统计算并交付佣金，报表和数据仓库的解决方案，或实现解决方案以便为非营利学校跟踪学生信息，这些都是 IT 项目。

我之所以这样选择，有以下几个原因。第一，业务分析活动和业务分析师角色在 IT 项目中看上去比在产品开发活动中更普遍。第二，在分析领域有大量书籍都假设是在**产品**开发的情境中，而组织中的 IT 部门的情境受关注度如此之低，这种情形让我很吃惊。第三，可能也是最重要的原因，我的大部分经历都在这里，因而聚焦于这个主题让我有机会写出实际的经验。

当我介绍如何在 IT 项目中以敏捷思维模式进行分析时，我不会深入介绍那些成熟的分析技术。因为已经有足够多的资源介绍了这些技术，而且那样做会让本书失去焦点。相反，我会重点关注那些技术为什么有用以及什么时候使用最合适。

我也从其他技术圈中选了几个技术进行介绍，这些技术在分析领域并不常见，因而我在介绍如何使用这些技术时，进行了详细的描述。对于所有这些技术，我都提供了推荐的参考资料以便读者了解更多信息。

“项目”这个词在敏捷社区中受到歧视。那些歧视这个词的人往往会觉得使用“项目”这个词就意味着以瀑布方式管理项目的那些缺点。

因而，项目这个术语通常意味着：

- 项目的临时性的本质也适用于在项目中工作的人。人们被派到项目中进行工作，而不是工作被分配给不同的团队；
- 由于需要项目启动和全面的计划以便预测未来6～12个月的情况，这就要花费一定的时间来完成这些环节；
- 尽管项目是临时性的（可能正是由于这个原因），一旦启动就很少中途停止。项目发起人和团队往往对项目非常不舍，尤其是项目持续时间越长，他们就越不情愿结束它；
- 项目的资金预算流程可能会鼓励把多个小的变更组合起来，以便证明支出的合理性，但这增加了变更交付给利益相关者之前的等待时间。

虽然这些问题确实存在，但仅仅使用“项目”这个词并不会确保这些问题一定发生。由于大部分人对项目有所了解，当解释这些模式都是反模式并且能做成完全不同的样子时，使用“项目”这个词就非常有用，而不是选用一个新术语来描述已有的概念，因为那样会导致非常大的混乱。正如我的一位编辑Deanna所建议的，当谈到“项目”这个词时，我应该“承认它的价值”。

本书要解决的问题

“分析”经常被描绘成“获取并记录需求”，这个术语听起来就像在问人们他们想要什么，然后记录下来。关于分析的深入思辨的讨论往往集中于捕获需求的最好方法：“我应该使用用例，还是使用用户故事？”需求确实很重要，但它们只是到达终点的一种手段，而不是终点本身。正如我前面介绍的，分析是理解利益相关者和他们的需要，并在特定的情境中确定满足这些需要的最佳解决方案，然后针对解决方案建立共识。需求在这项工作中发挥了一部分作用，尤其是描述需要的部分，但它们显然不是最终产品。

本书试图解决的一个基本问题是如何确定你的IT项目是否在做正确的事情，以及分析如何帮助你做到这一点。这就把分析的目的从需求收集和获取转变为解决问题并建立共识。随之团队看待需求和设计的视角也带来了一个巨大的变化，它们不再作为交付物扔给流程中执行下一步的人。现在需求和**设计**都是团队可以使用的工具，用来针对他们要交付的解决方案建立共识，从而达成预期的**结果**。

本书试图解决的第二个基本问题是展示如何在敏捷环境中做分析。由于许多团队首先采用敏捷方法，他们在确定一个可行的解决方案和过早描述该解决方案的太多细节之间艰难地寻找平衡。本书的目的就是告诉你如何以迭代的方式进行分析，从而你可以充分地利用在开发、测试和部署过程中发生的学习活动。与此同时，本书也说明了许多分析技术适用于敏捷的环境，只不过何时以及在多大程度上使用这些技术会有所变化。我试图解决这个问题，因为许多采用敏捷方法的团队认为分析是没有必要的，从而导致他们最终建造的解决方案不能解决原来的问题，或者根本没有解决任何问题。

本书的组织结构

为了更便于阅读，本书分成 3 个主要部分。第一部分“理念”涵盖敏捷思维模式以及敏捷思维模式和高效分析背后的一些关键原则；第二部分“案例研究”包含 4 个研究案例，展示如何在各种情况下实际地应用这些理念；第三部分“技术”深入介绍一些在敏捷环境下对分析非常有帮助的技术。

第一部分　理念

第一部分介绍几个核心理念，我认为在敏捷环境下进行高效分析，这几个理念是必不可少的。这包括描述敏捷思维模式的概念，还有传统分析思维之外的一些概念，这些概念对典型的分析技术形成了补充。最后，基于这些理念，我建立了在不同情境中使用分析技术的方法。

第 1 章　指导原则

当我帮助团队采纳敏捷并加强分析方法时，我发现采用适当的思维模式远比掌握一套具体的技术更重要。利用正确的思维模式和很强的自律精神，团队就能够使用最少的流程取得成功。如果没有合适的思维模式，团队会发现他们不得不持续地增加流程以加强合作。但对于拥有正确思维模式的团队而言，**合作**是自然而然的事情。

什么是正确的思维模式呢？对于这个问题有多种不同的观点。敏捷思维模式的最初定义是由“敏捷软件开发宣言”和相应的原则定义的。有人扩展了这些最初的理念以描述敏捷思维模式，而我也做了同样的事情，并把重点放在鼓励构建正确事情的这个方面。我通过 7 个指导原则来介绍我对敏捷思维模式的看法：

- 交付**价值**；
- 合作；
- 迭代；
- 简化；
- 考虑情境；
- 明智决策；
- 反思与适应。

第 2 章　有用的概念

我会在这一章介绍几个概念，这形成了后续章节的概念基础。这些概念包括：

- 需要和解决方案；
- 结果和**产出**；
- **发现和交付**。

第 3 章　精益创业的影响

这一章会探讨精益创业的几个概念，并介绍这些概念在 IT 项目的情境中如何高效地运用。这些概念包括：

- **客户**开发；
- **创建－评估－学习**；
- **度量**。

第 4 章　决策

这一章会详细讨论决策制定，特别是决策的结构，**真实期权**的概念，以及会阻碍高效决策的认知偏见。

第 5 章　交付价值

在这一章中，我会讨论几个跟价值交付密切相关的概念，包括**特性注入**、**最小可行产品**和**最小可市场化特性**。

第 6 章　敏捷思维模式下的分析

虽然我不是要提出一套新的“分析流程”，但我希望给出一个整体介绍，来描述沿着项目的生命周期如何进行分析。这一章在项目生命周期的合适位置加入了将在第 11 章到第 15 章介绍的技术。

我没有花费太多时间讨论这个具体的流程，因为对于每个项目而言，它都不一样。但遍历一次整个流程有助于以正确的视角看待这些技术，同时也有助于解释为什么有些技术在一些情境使用比在其他情境更合理。

第二部分　案例研究

在本书第二部分，我会与读者分享 4 个故事，用来介绍现实世界的分析活动。这些故事展示了各种 IT 项目，而这些项目用到了第 1 章到第 6 章介绍的各种理念和后续章节将要介绍的技术。虽然我无法覆盖所有的情形，但我希望这些研究案例覆盖的各种环境足够广泛，以便你可以从中发现熟悉的场景。另外，这些案例既描述了在不同情况下可以使用相同技术的想法，也介绍了可以根据当前情境调整所用方法的理念。

第 7 章　案例研究：会议投稿系统

这是为 Agile2013 和 Agile2014 大会开发并维护会议投稿系统的故事。它是一个相对简单的项目，但也为在合适情境中使用几个不同的分析技术提供了机会。

第 8 章　案例研究：佣金系统

这个案例介绍的是一家医疗保险公司在进行一个替换多套佣金系统的项目时发生的故事。它针对使用现成软件的项目和镀金的倾向探讨了一些有用的技术。

第 9 章　案例研究：数据仓库

这个案例讲述的是一个项目要整合一条新数据源到已有的数据仓库的故事。这个故事探讨了在商业智能项目中的分析活动，说明了这样的环境也可以从敏捷思维模式中受益。

第 10 章　案例研究：学生信息系统

这个案例探讨的是如何在非营利环境下执行分析活动，并将重点聚焦于最初考虑开展一个项目时需要做出的决策。

第三部分　技术

在这一部分，我会介绍一系列技术，并使用我提出的简单格式。这些技术在很多不同的环境中都很有用。我使用的简单格式覆盖了每项技术的如下几个方面：

- 定义；
- 例子；
- 何时使用；

- 为什么使用；
- 如何使用；
- 警告和注意事项；
- 附加资源。

第 11 章　理解利益相关者

这一章介绍的一些技术有助于了解正在和你一起工作的人。前两种技术有助于你了解自己正要满足其需要的这些人——也称作利益相关者分析。这一章介绍的另两个技术有助于你更好地理解真正使用解决方案的人，我们称之为用户分析。这一章介绍的技术包括：

- **利益相关者地图**；
- **承诺量表**；
- **用户建模**；
- **人物角色**。

第 12 章　理解情境

理解情境意味着要理解业务的本质，并和团队其他人分享这个信息。你希望从整个组织的视角来看待项目，并确定项目要做的内容。如果项目和组织**战略**或日常运营并无关系的话，就不要开展这个项目。

第 12 章介绍的几项技术可以用来理解整个组织的战略并使用这个信息来指导项目的决策。这一章介绍的技术在分析师社区中常常被称为**战略分析**（之前称作企业分析）：

- **基于目的的对准模型**；
- **六个问题**；
- **情境领导模型**。

第 13 章　理解需要

IT 项目的一个非常关键但却经常被忽视的方面是找出需要满足的真正需要，并确定它是否值得满足，然后和整个团队分享这个信息。如果这些活动经常进行，那么这个 IT 项目的未来无疑会更加光明。

在这一章，我会介绍一组对于完成这些活动非常有用的技术：

- **决策过滤器**；
- **项目机会评估**；

- **问题陈述。**

第 14 章 理解解决方案

一旦我们理解了要满足的需要并确定了它是值得满足的，我们就要开始调研各种可能的解决方案。这里的“解决方案”指的是多种解决方案。项目团队往往会过早地把自己限制在一个可能的解决方案上，而不是尽量保留各种可能的选项。而在很多情况下，其实有多种选项。

在这一章，我会介绍多种技术，能够用来探索多种解决方案并描述看上去最好的解决方案，这里所使用的方式对于项目中的每个人都是有意义的：

- **影响地图**；
- **故事地图**；
- **协同建模**；
- **验收标准**；
- **实例**。

第 15 章 组织并持久保存解决方案信息

这一章介绍的技术可以帮助团队可视化进展，还可以帮助他们可视化解决方案正在构建的部分，并持久保存解决方案的关键信息供将来参考。这一章中所描述的技术包括：

- **发现看板**；
- **就绪的定义**；
- **交付看板**；
- **完成的定义**；
- **系统文档**。

第四部分 资源

在本书的最后这个部分，我对全书的核心定义和参考来源进行了总结和汇集。

术语表

为项目建立共同语言是一个良好的实践。由于我希望在谈论一个概念时它的含义是非常具体的，而且我也乐于“吃自己的狗粮”，所以我决定为本书建立一个术语表。这能够帮助我在使用这些概念时保持一致，或者如果我使用不一致的话，至少能给读者一个机会发现。术语表中的每个词在正文中第一次出现时会显示为粗体。

参考文献

在本书中，针对我讨论的主题，我参考了大量文献的信息。参考文献部分给出了所有参考文献的一份清单。花些时间来看看这些文献吧，这里有不少好东西。

beyondrequirements.com 网站上除了收录本书中的这些资源，还包括有关敏捷思维模式下的分析的更多思考、新技术的简介以及本书中内容的更新。

致谢

这不是我写的第一本书，但它是我第一次独自一个人写的书，至少在刚开始写时我是这么认为的。不过最终证明，虽然我被列为唯一作者，但如果没有好几个人的帮助，这本书是不可能完成的。

为了让这本书有更好的观赏性和更强的可读性，有两个人发挥了重要的作用。Jeff Rains 为本书创作了所有的手绘图形。重要的是，这些图形加强了在白板上展开对话的理念。Jeff 出色的工作使我能够传递这个信息，同时又让你能够看到这些图形。Deanna Burghart 是防止我写出糟糕的英文的第一道防线。我与 Deanna 共事多年，她曾负责编辑我在 Project Connections.com 上的内容。当我几年前开始写这本书时，我就知道我需要她的帮助。而她，一如既往出色地完成了工作，帮我完成了本书的大量工作。

在我的职业生涯中，我有幸与一群才华横溢的人共事并交流。他们看待事物的角度不同，而且也毫不吝啬与我分享他们的见解。其中好几个人在本书写作过程中发挥了重要作用，但我这里要特别感谢 3 个人，能够跟他们 3 个人讨论不同的理念和方法是我莫大的荣幸。在编辑阶段，Gojko Adzic 提供了大量审阅意见，对我帮助巨大，让我从完全不同的更好的视角看待事物。Todd Little 在最后的编辑阶段，审阅了本书的大部分内容，并且一如既往地提供了实用而又富有见地的建议来帮我进行修改。Chris Matts 一直以来都是我在分析领域获取最前沿同时又非常实用的思想的一个主要来源，他非常深入地探讨了本书中的几个想法，而且是其中几个重要想法的源头。我对分析和 IT 项目工作的深入理解，很大程度上是因为有幸认识这 3 位从业者。

我还非常幸运地收到了大量专业人士的反馈。特别感谢 Robert Bogetti、Sarah Edrie、James Kovacs、Chris Sterling 和 Heather Hassebroek 阅读全书初稿并给出评论。他们的评论对于我形成并提炼最初的想法非常有帮助，从而使我的想法更加连贯。同时也非常感谢 Diane Zajac-Woodie、Deb McCormick、Brandon Carlson、Mary Gorman、Julie Urban、Pollyanna Pixton、Matt Heusser、Tina Joseph 和 Ellen Gottesdiener，他们也对一部分书稿提供了有用的评论。

最后，感谢 Chris Guzikowski，作为 Addison-Wesley 的特邀编辑，在我旷日持久的写作过程中对我非常有耐心。也非常感谢 Jeffrey Davidson，让我抓住这个机会，但又没有唠叨我尽快完成本书。Jeffery，我不知道 Chris 是否要你催促我，但我猜如果你那么做了的话，无论如何他都会很高兴。

目录

第一部分　理　　念

第 1 章　指导原则 …………………… 3

1.1　简介 …………………… 3
1.2　交付价值 …………………… 3
1.3　合作 …………………… 5
1.4　迭代 …………………… 6
1.5　简化 …………………… 7
1.6　考虑情境 …………………… 8
1.7　明智决策 …………………… 9
1.8　反思与适应 …………………… 10
1.9　总结 …………………… 11
1.10　切记 …………………… 11

第 2 章　有用的概念 …………………… 13

2.1　简介 …………………… 13
2.2　需要和解决方案 …………………… 13
2.3　结果和产出 …………………… 17
2.4　发现和交付 …………………… 17
2.5　切记 …………………… 20

第 3 章　精益创业的影响 …………………… 21

3.1　简介 …………………… 21
3.2　客户开发 …………………… 21
3.3　创建－评估－学习 …………………… 25
3.4　度量 …………………… 26
3.4.1　好的度量指标 …………………… 27
3.4.2　度量指标的考虑因素 …………………… 28
3.4.3　创建度量指标 …………………… 30
3.5　切记 …………………… 32

第 4 章　决策 …………………… 33

4.1　简介 …………………… 33
4.2　决策的结构 …………………… 33
4.2.1　确定决策者 …………………… 33
4.2.2　选择决策机制 …………………… 34
4.2.3　确定所需的信息 …………………… 36
4.2.4　及时做出决定 …………………… 37
4.2.5　与同事/利益相关者建立支持 …………………… 38
4.2.6　沟通决策 …………………… 38
4.2.7　执行决策 …………………… 39
4.3　真实期权 …………………… 39
4.4　认知偏见 …………………… 41
4.4.1　需求获取 …………………… 41
4.4.2　分析 …………………… 43
4.4.3　做出决策 …………………… 44
4.5　切记 …………………… 45

第 5 章　交付价值 …………………… 47

5.1　简介 …………………… 47

5.2 特性注入 ······ 47
5.2.1 识别价值 ······ 48
5.2.2 注入特性 ······ 50
5.2.3 提供实例 ······ 52
5.3 最小可行产品 ······ 54
5.4 最小可市场化特性 ······ 56
5.5 切记 ······ 57

第 6 章 敏捷思维模式下的分析 ······ 59
6.1 简介 ······ 59
6.2 需要是什么 ······ 61
6.3 可能的解决方案是什么 ······ 61
6.4 我们接下来该做什么 ······ 62
6.5 这部分的细节是什么（即开始讲故事） ······ 62
6.6 切记 ······ 63

第二部分 案 例 研 究

第 7 章 案例研究：会议投稿系统 ······ 67
7.1 简介 ······ 67
7.2 需要 ······ 67
7.3 可能的解决方案 ······ 68
7.4 价值交付 ······ 68
7.4.1 定义－构建－测试 ······ 71
7.4.2 主题的小插曲 ······ 73
7.4.3 Agile2014 大会 ······ 78
7.5 经验总结 ······ 80

第 8 章 案例研究：佣金系统 ······ 83
8.1 简介 ······ 83
8.2 需要 ······ 84
8.3 可能的解决方案 ······ 84
8.4 价值交付 ······ 85
8.5 经验总结 ······ 86

第 9 章 案例研究：数据仓库 ······ 89
9.1 简介 ······ 89
9.2 需要 ······ 89
9.3 可能的解决方案 ······ 90
9.4 价值交付 ······ 91
9.5 经验总结 ······ 96

第 10 章 案例研究：学生信息系统 ······ 99
10.1 简介 ······ 99
10.2 需要 ······ 99
10.3 可能的解决方案 ······ 101
10.4 经验总结 ······ 106

第三部分 技 术

第 11 章 理解利益相关者 ······ 111
11.1 简介 ······ 111
11.1.1 利益相关者分析 ······ 111
11.1.2 用户分析 ······ 112
11.2 利益相关者地图 ······ 112
11.2.1 定义 ······ 112
11.2.2 例子 ······ 112
11.2.3 何时使用 ······ 113
11.2.4 为什么使用 ······ 113
11.2.5 如何使用 ······ 113
11.2.6 警告和注意事项 ······ 115
11.2.7 附加资源 ······ 116

11.3　承诺量表……116
11.3.1　定义……116
11.3.2　例子……116
11.3.3　何时使用……116
11.3.4　为什么使用……117
11.3.5　如何使用……117
11.3.6　警告和注意事项……118
11.3.7　附加资源……119
11.4　用户建模……119
11.4.1　定义……119
11.4.2　例子……119
11.4.3　何时使用……121
11.4.4　为什么使用……122
11.4.5　如何使用……122
11.4.6　警告和注意事项……123
11.4.7　附加资源……123
11.5　人物角色……124
11.5.1　定义……124
11.5.2　例子……124
11.5.3　何时使用……124
11.5.4　为什么使用……125
11.5.5　如何使用……125
11.5.6　警告和注意事项……125
11.5.7　附加资源……126

第12章　理解情境……127
12.1　简介……127
12.2　基于目的的对准模型……127
12.2.1　定义……127
12.2.2　各个象限的解释……128
12.2.3　例子……129
12.2.4　何时使用……129
12.2.5　为什么使用……130
12.2.6　如何使用……130
12.2.7　警告和注意事项……131
12.2.8　附加资源……132
12.3　六个问题……132
12.3.1　定义……132
12.3.2　例子……132
12.3.3　何时使用……133
12.3.4　为什么使用……133
12.3.5　如何使用……133
12.3.6　警告和注意事项……134
12.3.7　附加资源……134
12.4　情境领导模型……135
12.4.1　定义……135
12.4.2　例子……138
12.4.3　何时使用……138
12.4.4　为什么使用……139
12.4.5　如何使用……139
12.4.6　警告和注意事项……140
12.4.7　附加资源……141

第13章　理解需要……143
13.1　简介……143
13.2　决策过滤器……144
13.2.1　定义……144
13.2.2　例子……144
13.2.3　何时使用……144
13.2.4　为什么使用……145
13.2.5　如何使用……145
13.2.6　警告和注意事项……146
13.2.7　附加资源……147
13.3　项目机会评估……147
13.3.1　定义……147
13.3.2　例子……148
13.3.3　何时使用……149
13.3.4　为什么使用……149

13.3.5 如何使用……149
13.3.6 警告和注意事项……149
13.3.7 附加资源……150
13.4 问题陈述……150
13.4.1 定义……150
13.4.2 例子……150
13.4.3 何时使用……151
13.4.4 为什么使用……151
13.4.5 如何使用……151
13.4.6 警告和注意事项……152
13.4.7 附加资源……152

第 14 章 理解解决方案……153

14.1 简介……153
14.2 影响地图……155
14.2.1 定义……155
14.2.2 例子……155
14.2.3 何时使用……155
14.2.4 为什么使用……157
14.2.5 如何使用……158
14.2.6 警告和注意事项……158
14.2.7 附加资源……158
14.3 故事地图……159
14.3.1 定义……159
14.3.2 例子……159
14.3.3 何时使用……159
14.3.4 为什么使用……159
14.3.5 如何使用……161
14.3.6 警告和注意事项……162
14.3.7 附加资源……163
14.4 协同建模……163
14.4.1 定义……163
14.4.2 例子……164
14.4.3 何时使用……164
14.4.4 为什么使用……166
14.4.5 如何使用……166
14.4.6 警告和注意事项……167
14.4.7 附加资源……168
14.5 验收标准……168
14.5.1 定义……168
14.5.2 例子……168
14.5.3 何时使用……169
14.5.4 为什么使用……170
14.5.5 如何使用……170
14.5.6 警告和注意事项……170
14.5.7 附加资源……171
14.6 实例……171
14.6.1 定义……171
14.6.2 例子……172
14.6.3 何时使用……174
14.6.4 为什么使用……174
14.6.5 如何使用……175
14.6.6 警告和注意事项……175
14.6.7 附加资源……176

第 15 章 组织并持久保存解决方案信息……177

15.1 简介……177
15.2 发现看板……177
15.2.1 定义……177
15.2.2 例子……178
15.2.3 何时使用……179
15.2.4 为什么使用……179
15.2.5 如何使用……179
15.2.6 警告和注意事项……180
15.2.7 附加资源……181
15.3 就绪的定义……181
15.3.1 定义……181

15.3.2 例子 ······ 182
15.3.3 何时使用 ······ 182
15.3.4 为什么使用 ······ 182
15.3.5 如何使用 ······ 182
15.3.6 警告和注意事项 ······ 183
15.3.7 附加资源 ······ 183
15.4 交付看板 ······ 184
15.4.1 定义 ······ 184
15.4.2 例子 ······ 184
15.4.3 何时使用 ······ 185
15.4.4 为什么使用 ······ 185
15.4.5 如何使用 ······ 185
15.4.6 警告和注意事项 ······ 186
15.4.7 附加资源 ······ 187
15.5 完成的定义 ······ 187
15.5.1 什么是完成的定义 ······ 187
15.5.2 例子 ······ 188
15.5.3 何时使用 ······ 188
15.5.4 为什么使用 ······ 188
15.5.5 如何使用 ······ 188
15.5.6 警告和注意事项 ······ 189
15.5.7 附加资源 ······ 189
15.6 系统文档 ······ 190
15.6.1 什么是系统文档 ······ 190
15.6.2 例子 ······ 190
15.6.3 何时使用 ······ 190
15.6.4 为什么使用 ······ 191
15.6.5 如何使用 ······ 191
15.6.6 警告和注意事项 ······ 191
15.6.7 附加资源 ······ 192

第四部分 资　源

术语表 ······ 195
参考文献 ······ 219

第一部分　理　　念

第1章 指导原则

1.1 简介

敏捷方法对我最大的影响也许正是这样一种理念，即团队做事方法应基于价值观和原则而不是基于实践。实践往往对情境非常敏感——用于 Web 应用程序的实践与用于商业佣金系统的实践不同，而用于商业佣金系统的实践与用于大型机的工资系统的实践也不同。在这 3 种情况下采用同样的实践就是制造麻烦。而价值观和原则往往更广泛适用。“敏捷软件开发宣言”和“敏捷宣言背后的原则”通常被认为是敏捷价值观的代表。本章将论述我对知识工作方法的核心思想。

下面这些基于敏捷原则的指导原则，描述了任何**自发活动**（initiative）的理想特征：

- 交付价值；
- 合作；
- 迭代；
- 简化；
- 考虑情境；
- 明智决策；
- 反思与适应。

1.2 交付价值

价值很难界定。在很多方面，这就像美和质量一样：“当我看到它的时候就会知道它。”对一个人很有价值、很重要，但对其他人也许一点儿也不重要。和其他很多事情一样，交付价值也是和具体情境非常相关的。对我而言，评估价值就像试图理解它是否是值得的，而这里的“它”可能指的是承担或继续一项自发行动或交付一个具体的特性。

当你所交付的（产出）满足了利益相关者的需求（提供了预期的结果）时，你的团队就是在交付价值（deliver value）。交付价值也为**项目**（project）决策和衡量成功提供了不同的依据。你仍然需要关注成本、时间和范围的**三重限制**（triple constrains），但**范围**（scope）的定义是以是否取得了预期的成果为基础的，而不是以团队交付的产出量为基础的。你会发现，你的团队需要采取行动，寻求以最小的产出取得最大的结果，同时确保满足成本和时间限制。

范围的定义由产出变为结果，这使对是否交付了事先约定的范围进行量化更加困难。这正是**目的**（goal）、**目标**（objective）和**决策过滤器**（decision filter，这一技术将在第 13 章详细介绍）派上用场的地方。目的、目标和决策过滤器既提供了一种清晰的方法来描述你所寻求的结果，也提供了一种方法来判断你何时取得了那个结果。把打算满足的范围定义为这些方面，也为团队在满足这个范围时提供了更多灵活性，并且能够避免团队制造不需要的产出，这也为能够满足项目的成本和时间限制增加了机会。

项目会积累很多潜在的特性，它们在当时看起来是不错的想法，但最后对于项目的终极目标可能无足轻重。交付价值最简单的方法之一就是，把不能对预期结果产生直接贡献的产出砍掉。这些产出包括很酷且也是某个利益相关者声称想要的，但对项目要解决的问题无所助益的**功能**（functionality）。我们把特性限定为具有真正可识别价值的功能，并且我们只想关注用户真正使用的极少数功能，这就回到了我们的前提 ——用户基于他们的行为感知有价值的特性。

正如 Gojko Adzic 在审阅本书初稿时所提醒的，把重点放在能驱动达成预期结果的事情上。当用户可能使用的功能或者利益相关者提出的需求和预期结果毫无关系时，不为其分心是个不错的主意。

会议投稿系统（将在第 7 章介绍）就是一个专注结果而非产出的案例。这个项目的主要目标是支持 Agile2013 大会的会议投稿流程。我们确实建立了一个该系统要包含的特性的待办列表（项目的产出），但这一待办列表更多的是进行估算和计划的起点，而不是必须遵守的范围定义。在项目进行的过程中，我们根据我们的发现在待办列表中增加了几个特性，也推迟了几个特性，因为在时间固定的指导原则下，这几个特性对于达成业务目标并非绝对必要。

一个重要的附加说明需要记住，有些用来满足法规监管或安全要求的产出，诸如系统文档和文书工作，对预期结果仍然是有贡献的，否则如果没有其他原因而未能完成这些产出，**组织**（organization）要么无法得到批准交付解决方案，要么可能招致惩罚。

我将在第 5 章讨论更多关于交付价值的想法。

1.3 合作

合作（collaboration）有两个方面的含义。一个方面是团队成员尽可能高效协同工作的能力。这方面可能是在所有项目中——实际上在所有团队工作中——都具有的，这方面总能得到提升。实际操作中，这意味着从团队环境中移除所有阻止有效沟通的障碍，并且有团队成员可以高效地**引导**（facilitate）团队合作。

合作的另一个微妙但同样重要的方面是，实际上完成项目核心工作的团队成员也是做计划并报告进度的人。这是从项目的传统视角看到的转变，传统项目中这些类型的任务由项目负责人完成。团队成员是最熟悉这项工作的人，同时他们处在最合适的位置，能够确定要完成什么工作。因此，团队成员应该自愿完成不同的工作项，而不是由别人进行指派。

无论采用任何**方法论**（methodology）和具体方法，这一指导原则都应该被用在每个项目中。然而这一原则可能是团队最难采用的。某些项目经理具有根深蒂固的指挥控制习惯。团队也倾向于由别人告诉他们做什么，即便他们并不喜欢被指派工作。改变这一现状的过程往往会违背人类的本性。

如同其他所有事物一样，合作最好适度。为了确保团队意识到关键信息，有些合作是必要的。但是，当确保每个人都熟知所有信息时，会降低团队以稳定速度交付价值的能力，导致合作变得混乱，而这可能就是一个团队无法很好地一起工作的一种原因。合作也并不意味着**共识**（consensus）。有些时候冲突也是适当的、合理的。但是，过多的冲突会带来过多的伤害，特别是当它没有通过在正确的渠道发生时更是如此。

我曾和一个无论如何都无法一起好好合作的团队共事过。我无法准确地找到原因，但我认为有几个因素在发挥作用。

该团队的一些成员来自有毒的环境。他们已经转到采用敏捷方法的团队，以摆脱他们以前的环境。但是，我不确信他们是否采纳了敏捷的原则和价值观。这些成员常以“我们正在敏捷”作为各种不正常行为的借口。例如，他们缺乏专注，据称是因为要和队友频繁互动。

该团队确定了几个“头儿”，这些人往往是在分析、开发、测试技能以及敏捷方法的知识方面具有更丰富的经验。但是这些人逐渐滑向了指挥控制的行为方式，有时甚至吩咐团队成员就某一个问题停止互相交谈。一个成员说他觉得自己从原来有一个老板变成了有4个老板。

该团队无法公开讨论他们的想法，他们只在极罕见的情况下才尝试进行讨论，他们将讨论包裹在大量过程中，致使讨论没有任何收获。

该团队最终解散，部分原因是没有足够的工作，但主要原因是它功能运转失灵。有趣的是，该团队总能兑现承诺。有些人可能会说应该再给他们一次机会，因为他们能够交付。

对比一下我所在的另一个团队。这个团队不是在敏捷环境中工作，但决定尝试敏捷方法。像前一个案例一样，开发人员没有完全认同敏捷方法。与前一个团队的想法相呼应，不认同的开发人员最初时说他觉得有2～3个老板而不是一个。我们能够解决这些问题，讨论彼此的关注点，并利用这些分歧来找出改善的机会。我们建立了一些工作协定，并且在这个团队中从未出现指挥控制的方式。这主要是因为我们互相尊重，并且能够无需借助流程就能讨论这些问题。最基本的是，合作意味着在一个项目中工作的人形成一个真正的**团队**（team），而不是**工作组**（work group）。这使得他们能够解决任何困难，而不会因为生闷气或急着去找身边最近的决策者。

也许是更重要的是，合作也意味着，团队成员承诺完成共同的目标，而且他们并不害怕走出自己的专业领域去帮助团队中的其他人。团队中的每个人都有自己的专业领域，如开发、测试或者分析，他们花了大量时间在这些领域，但是在有需要时，他们能够跳入其他领域并完成一些工作来帮助团队实现总体目标。对于一个业务分析师，他可以推进整个团队进行合作，利用团队成员和利益相关者的深刻洞察辅助分析，并在团队中其他人遇到困难时帮助完成测试和文档工作。这也意味着，分析师不再把所有分析工作对其他人都藏起来，也不再只做分析工作。他们作为团队成员将所有时间投入到团队中，而不再限定为业务分析师角色。这种合作的结果是，角色变得模糊，但团队处在更能频繁交付产品增量的位置，从而获得更有意义的反馈。

1.4 迭代

迭代（iterate）的一个鲜为人知的同义词是反复排练（rehearse）。仔细想一想，就会发现这是**迭代**的一个特征。可以通过一个又一个特性来构建软件应用，或者建造车辆的几个样板模型来尝试装配流程并生产车辆用于测试。无论哪种方法，都是在排练方法和设计决策。迭代给团队一个提出方法并进行尝试的机会，所以就算你做了一个糟糕的决定，也不至于浪费大量的工作。

迭代方法的关键是针对每个迭代的产出获得可行动的反馈，这样你就知道自己是否是在朝着期望的结果前进。为了获得有用的可行动的反馈，需要解决方案的一部分能够工作，以便利益相关者可以看到并做出反应。通过一系列迭代获得可行动的反馈，就形成了持续的学习。

与运营工作不同，IT 项目和其他类型的知识工作从不直接使用可重复的流程。当你从事操作工作时，例如组装车辆或者处理索赔，许多步骤都能够从一个单元复制到下一个。识别改进变得很容易，因为在一组特定的工作任务周期之间往往只有很短的时间。运营工作具有重复性和可预测性。如果你愿意，可以反复学习如何做得更好。

另一方面，知识工作有点儿不同。项目就像雪花，没有两片是一样的。如果有机会去体验不同的项目，从一个项目获得的经验很可能并不适用于另一个项目。关注持续学习，并将迭代作为其关键组成部分，就能提醒团队要经常停下来并找出可以改进的地方。这也有助于利用实际的工作产出来确定有意义的里程碑，而不是使用中间产物衡量进展。

在会议投稿系统的案例中，我们以不同的方式使用迭代获得了收益。首先，团队产生了一条特性的定期输出流，我作为产品负责人（product owner）会进行检查并提供反馈，要么是关于系统的感观，要么是关于其功能的。团队用我的反馈来影响他们后续将要完成的特性。我们还对用户发布了投稿系统的多个**版本**（release），并利用第一个版本的用户反馈来影响特性如何进一步设计，并作为输入供我们决定哪些特性在下一个版本发布，而哪些特性要推迟。

1.5 简化

敏捷宣言背后的一条原则是“最大化未完成工作的数量”。这意味着想要交付最少的产出（output）并使其结果（outcome）最大化（正如在 1.2 节所介绍的），并且只使用绝对必要的流程。我在 1.2 节中讨论过交付正确的工作，这里我想讨论一下如何简化交付正确工作的方法。

简化意味着团队一开始就应该采用一种**刚好够用**（barely sufficient）的方法。当团队启动一个新项目时，应该首先确定对项目成功绝对必要的活动，然后就只做这些活动。在项目进行的过程中，经过一些反思，你可能意识到需要一些额外的活动来克服所经历的挑战。这很好，只要你的团队也愿意放弃一些不再需要的活动。你想要从一个勉强够用的方法开始，是因为团队往往会发现停止某些进行中的活动比增加新活动要困难。从一组小的活动开始，你就给了团队一个保持精简流程的战斗机会。

简化意味着采用最直接的路径到达目的地，并且毫不留情面地询问为什么有人想走其他路径。简化也意味着不要让完美成为良好的敌人。我这里主要指的是晦涩难懂的建模语义、用例格式、商业规则语言以及类似的东西。我见过把太多时间浪费在模型是否100%正确的学究式争论上的情形，而模型只不过是用来辅助进行有关最终产品的沟通的。在有些情况下，准确性是需要的也是必要的。例如，当为团队和利益相关者整理共同使用的**术语表**（glossary）时，或者记录业务规则以便未来参考时。但是，如果模型或工作是为了中间沟通，就没必要穷究细节，因为你总是能通过对话进行澄清。

简化意味着用简单的规则指导复杂的行为。不要指望规定的流程能控制团队的工作方式。给团队提供一些直接的指导原则，并让他们从中学习。有些最优雅的解决方案是最简单的。不要掉入开发不需要的复杂的解决方案的陷阱。

最后，简化意味着如果一个模型不容易被记住，那么它被使用的机会也就几乎为零。这就是我更喜欢 2×2 矩阵的原因，如**情境领导模型**（context leadership model）和**基于目的的对准模型**（purpose-based alignment model）（都会在第12章介绍）。限制为二维的想法可能过于简单，但这增加了模型被用于一些良好目的的可能性。另外，因为这些模型相当简单，它们很可能包含一些细微的差别，这使得他们非常强大，以适用于不同的情况。

当启动会议投稿系统时，我们从一个很小的流程开始，这一流程是我们经过一些调整后发现特别适合我们的（由于我们团队的规模较小且对该**领域**非常熟悉）。我们发现，冲刺计划会议（sprint planning meeting）、站会（standup）和演示（demo）给我们造成太多流程开销，因为我们对于一个版本中想处理的用户故事顺序已有共识，并且当为我这个产品负责人准备好用户故事进行验收并提供反馈时，我们通过版本库进行沟通。随着项目的推进，我们在必要时增加了一些额外活动，但整体上我们能保持整个方法非常有效。

1.6 考虑情境

最佳实践（best practice）通常用来描述在一个项目或组织中取得成功并被他人复制的技术或过程。但是，在一个项目中发挥很好作用的实践在另一个环境中可能完全失灵。一个实践在一个给定项目上是否有效，受很多环境因素影响。正因为这样，我通常喜欢使用**恰当的实践**（appropriate practice）或良好实践（good practice）来强调这些实践并不是对所有项目都是最佳实践的事实。

当决定选择哪个流程、实践或技术时，团队需要考虑情境，以确保他们所做的事情会成功并且不会造成浪费。归根结底，也许考虑情境是唯一真正的最佳实践。

一个可能并非显而易见的关键点是项目团队需要决定采用哪些实践、流程和技术，并且随着项目的进行，学到更多东西时乐意改变哪些实践。项目团队经常是在组织定义的流程内进行工作，他们相信必须严格遵循的这些流程，其实很多时候对项目反而有害。通常如果那些项目团队对实际情况稍做检查，就会发现他们的选择比他们想象的要多。

1.7 明智决策

在很多类型的组织中，成功取决于明智的、及时的决策，无论这些组织是营利的、非营利的还是政府组织。我曾在成功的组织的多个成功项目中工作，发现它们都有一个共同特点，就是明确的决策。相反，我也有机会在那些未达到理想情况的案例中进行学习，它们也有一个共同因素，就是糟糕的决策或者没有决策。

不要误解我的意思，我不是说："这都是关于决策的。"否则这将是我唯一的指导原则了。但决策在 IT 项目中确实起着巨大作用。在过去的几年中，这一启示在我身上已经结晶不见，真正将其拉回关注焦点的事情是写《Stand Back and Deliver》一书。该书的第 5 章"决策"侧重于使用**业务价值模型**（business value model）帮助梳理对话结构，以便做出明智决策。在我写那一章的同时，由我的朋友 Chris Matts 介绍的"真实期权"的深远影响一下子击中了我的脑袋。没错，决策的时机和决策本身一样重要。

决策的一个同样重要的方面是谁实际做出决策。人们希望这个做决策的人足够了解情况又处于一个可以做决策的位置。有趣的是，在很多组织中被期望做大多数决策的人——高级领导——对很多情况并不了解。这是因为决策需要深入、详细的知识，而这些知识是这些领导并不具备的，他们要么无法获得超过其负责范围的大量信息，要么因为在信息从个人到主管，到经理，到行政领导传递过程中有信息过滤，没有得到足够信息。解决这些问题的一个有效方法是，将决策权分散到组织中去。这有助于确保具有相关信息的人也是能够做决定的人。一个最好的例子就是团队自行决定项目进行的最佳方式，只要他们对项目的预期结果和约束条件有正确的理解就可以。

决策中的另一个重要概念是各种**认知偏见**（cognitive bias）使人们远离理性的人，而经济学家等人就愿意相信他们自己就是理性的人。Daniel Kahneman、Dan Ariely 和其他很多人在过去几年中对认知偏见进行了大量的研究。（参见本书最后提供的关于认知偏见的资源参考清单。）这些观念对于 IT 项目的决策具有重大影响，我认为值得进一步探讨。

决策没有在业务分析周期的覆盖范围内，这可能是因为进行业务分析的人可能不是最终的决策者。但这并不能改变他们经常要引导决策过程的事实，这在很多方面都是非常困难的。为了确保决策的制定并进行沟通，理解这一过程中涉及的挑战对于 IT 项目的成功是非常有帮助的，同时这些挑战也是本书中反复出现的主题。

我将在第 4 章对决策展开进一步讨论。

1.8 反思与适应

团队应当不断地从经验中学习，以改进所使用的方法和项目的结果。项目常常持续超过几个月的时间。在这段时间内，业务状况、团队成员对项目目的的理解和该项目的周围环境都会增长和变化。团队应该寻求利用这种变化的优势，以确保在结果交付时项目的结果符合利益相关者的需要，而不仅仅是符合项目启动时利益相关者所理解的需要。

项目团队一直在做事后分析或经验学习，团队成员在项目结束时聚在一起讨论所发生的事情——通常是消极的方面——寄希望于他们能够记住，以便下次能做得更好。如果这种方法被认为是一个良好的实践，那在项目过程中做同样的事情岂不更有意义？此时团队还有时间做出改变并影响结果。这就是**回顾**（retrospective）背后的理念，回顾为团队提供了一种讨论项目到目前为止发生了什么的机制——既有团队做的好的事情，也有改进的机会——进而决定需要实施什么改正措施。

不管你采用的是什么方法，回顾都是一个很有用的技术。举一个回顾很有帮助的例子。几年前我曾参与一个非常大的项目，是为一家大型金融机构修改加载决策过程[①]。我所在的团队负责从一个新的组合信用政策中提取业务规则。我们发现，除了要参考信用政策本身，我们还需要和一群来自公司各个部门的**行业专家**（subject matter expert，SME）紧密协作。为此，我们所能采用的最有效的方式就

① 通常的流程为“请求—数据加载—模型评估—风险决策—返回结果”。——译者注

是每周一次将 SME 们召集在一起，进行业务规则工作会议。每周结束时，我们会举行一个回顾会议，讨论业务规则会议进行得怎么样，并识别改进行动。在召开工作会议的几周时间里，我们发现每次会议都比前一次更加顺利，而且我们经常发现某一周被认定为需要改进的项目在几周后已经做得很不错了。

1.9 总结

我不是一夜之间想出这些指导原则的。这些原则来自于多年的经验和试错。最初引起我想创建一个清单的事件是后来称为敏捷项目领导力网络（APLN）的一次创立会议。作为一种自我介绍的方式，Alistair Cockburn 建议我们分享我们对世界的看法，实际上就是解释我们为什么在那里。当时我绞尽脑汁要表达清楚自己的观点，在回到家仔细思考之后，这个清单的第一个版本就在脑海里出现了。自此之后我修改了几次，这些想法已经固定成型保持不变了，而且它们是我的首要原则，每当我试图解决之前未曾遇到的情况时，都会回过头来基于这些首要原则进行思考。当你阅读本书其他部分时，我希望你把它们记在心里。

1.10 切记

- 当你以最少的产出让结果最大化时，就是在交付价值。
- 团队应当持续探索共同合作的方法来交付价值。
- 缩短反馈环以鼓励持续学习。
- 不要做对交付价值不是绝对必要的事情。
- 具体问题具体分析。
- 有目的地做出决策。
- 从过去学习以改进未来。

第 2 章

有用的概念

2.1 简介

本章将对书中其余章节介绍的方法和技术的背后概念进行说明。这些概念与我们如何思考分析的分类方法有关：

- 需要和解决方案；
- 结果和产出；
- 发现和交付。

通过介绍这些概念，希望为本书其他章节创建一个共同语言。这些概念所使用的术语也罗列在术语表中。

2.2 需要和解决方案

在前言中，对分析涉及的活动进行了介绍：

- 理解利益相关者；
- 理解情境；
- 理解需要；
- 理解解决方案；
- 组织并持久保存解决方案信息。

对我而言，一些关键定义是按顺序来的。为此，参考《Guide to the Business Analysis Body of Knowledge Version 3》（BABOK v3）一书中介绍的业务分析核心概念模型（Business Analysis Core Concept Model，BACCM），其中定义了 6 个核

心概念，如表2-1所述。

表2-1　BACCM中的核心概念

核心概念	描述
变更	响应需要的变化行为 变更是为了提高企业绩效
需要	待解决的问题或可利用的机会 需要能够通过激发利益相关者的行为来引起变更，变更也能通过削弱或加强现有解决方案交付的价值来引发需要
解决方案	在情境中满足一个或多个需要的具体方法 解决方案通过解决利益相关者面对的问题或帮助利益相关者更好地利用机会来满足需要
利益相关者	与变更、需要或解决方案相关的团体或个人 利益相关者通常被定义为对变更感兴趣，能够影响变更或受到变更影响的人 利益相关者通常根据其与需要、变更和解决方案的关系进行分类
价值	某种事物在情境中对利益相关者是值得的、具有重要性或很有用处 价值可以被看作是潜在或实现的回报、收益和改进，也有可能使损失、风险和成本减少而得到的价值 价值可以是有形的，也可以是无形的。有形的价值是直接可衡量的。有形价值往往具有重要的财务成分。无形的价值是间接可衡量的。无形价值通常具有重要的激励成分，例如公司的声誉或员工的士气 在某些情况下，价值可以用绝对值评估，但在多数情况下，只能通过相对的形式评估：从一组利益相关者的视角看一个解决方案选项比另一个更有价值
情境	影响变更、受变更影响并提供变更信息的环境 变更发生在情境中。情境是环境中与变更相关的一切。情境可能包含态度、行为、信念、竞争对手、文化、人口特征结构、目标、政府、基础设施、语言、损失、流程、产品、项目、销售、季节、术语、技术、天气和任何其他满足定义的元素

这里最相关的核心概念是需要和解决方案，因为它们描述的是分析主题。理解这两个概念之间的区别非常重要，很多IT项目因为在基于解决方案加速前行之前未能确定需要，遭受了巨大痛苦。

在启动一个项目之前，你可能已经知道，应该要明白为什么要启动——换句话说，你要解决的问题是什么。如果你理解了想要解决的问题，或想要利用的机会——需要——就有可能选择最有效的解决方案，并避免把无谓的时间和精力投入到开发一个不需要的解决方案上。我猜你也能说出几个参与的IT项目，其中团队跳过问题的理解直接冲进解决方案的交付。我也曾参与过这样的项目。

为什么团队即便知道理解需要是优秀的实践，但还是会反复地跳过对需要的理解？有时是由于受到项目发起人的压力，这些发起人偏好特定的解决方案并蒙受一些在第 4 章介绍的认知偏见的痛苦。更可能是，团队不知道如何描述需要，以帮助确定合适的解决方案。其实这样的技术一直存在而且就在我们眼皮底下：目的和目标。

BABOK v3 中包含业务目的和业务目标（本书中简化为目的和目标）的定义，如表 2-2 所示。这些定义的好处是提供了一种方法来区分这两个容易混淆的概念。

表 2-2 目的和目标

术语	定义	健康保险案例
目的	组织寻求建立并维持的状态或条件，通常定性表示而不是定量	提高处理能力以应对索赔的增加
目标	一个可衡量的结果用于表明目的已经实现	到 12 月 31 日把每周 1000 单纸质保险索赔降低到每周 500 单

具体而言，目的是想要完成的事情（想要满足的需要），目标是如何衡量成功实现目的的程度。在本书中对每个术语在什么时候使用以及在什么地方使用都会非常注意。

既然目标是要可衡量的，当团队建立目标时，把目标的一组特征记在心里是有好处的。这组特征通常称为 SMART，如表 2-3 所述。注意这一缩写代表不同的意思，这里选择使用这一缩写，而其中 A 代表“达成一致”（agreed upon）以加强团队对目标及其含义达成一致的理念，从而更可能对将要做什么形成共识。

表 2-3 良好目标的特征

属性	描述
具体的	你确切地知道想要实现什么并有明确的期望
可衡量的	当你朝目标前进时，要有能力辨别
达成一致的	达成目标所涉及的每个人都要赞同什么是真正的目标而且是值得达成的，以及当达成时如何辨别。这个概念加强了共识的理念。而如果一个目标是可达成的，但如果整个团队不理解或不认可它是好的目标的话，就不妙了
现实的	你不希望通过设定一个无法达成的目标让团队感到挫败。你可能需要把目标延伸一点儿，但设定一个在所处环境的约束条件下绝对无法达成的目标对你没有任何好处
时间限定的	你需要知道何时期望做完。否则你可以永远持续下去，最终无法完成任何事情

为了强化良好目标的特征，Tom Gilb 在《Competitive Engineering》中建议了表 2-4 所示的属性集，每个目标都能找出这些属性。

表 2-4　目标的属性

属性	描述	例子
名字	目标的唯一名字	降低每周收到的纸质索赔申请
单位	度量的内容（Gilb 称之为刻度）	每周收到的纸质索赔申请数量
方法	如何衡量（Gilb 称之为计量器）	计数每个日历周收到的提交类型为纸质的索赔申请次数
目标值	努力达成的成功基准	每周 500 单索赔
限制	努力避免的失败基准	每周 1000 单索赔
基线	当前绩效水平	每周 1000 单索赔

注意，在这个例子中限制和基线是一样的。这表明如果这是项目的目标，而你未能改变一周内收到的纸质索赔申请数量的话，项目就失败了，但任何改进都至少是在正确方向上前进了一步。在其他情况下，你会看到把基线和目标值之间的中间值设置为限制，这意味着如果你未能完成某些改进，项目就是失败的。设置这些属性的一个重要价值是为了决定目标值和限制应该是多少而引发的讨论，这让大家对项目成功的样子形成更加明确的理解。

首先理解需要并能够通过目的和目标进行描述，让你有机会与团队针对为什么考虑开始（或继续）一个特定项目建立共识。这也为提出“这个需要值得满足吗？”这一问题形成了一个基础。因而在表 2-4 纸质索赔申请的例子中，团队就可以问：

- 立刻提升我们处理纸质索赔申请的能力是值得的吗？
- 为什么我们认为收到的索赔将会增加？
- 纸质索赔申请是我们处理索赔能力的最大障碍吗？
- 我们提升纸质索赔能力的同时要放弃什么？

将需要和解决方案分开考虑，让团队有机会发现多个潜在解决方案，并且当要确定交付的解决方案时还能从中选择。拥有这些可选项，增加了团队高效交付解决方案的机会，而这些解决方案在满足利益相关者需要的同时，还能满足诸如时间和成本等限制。

将需要和解决方案分开考虑也有助于澄清利益相关者和团队的责任。需要来自于利益相关者，特别是**项目发起人**（sponsor），而解决方案来自于团队。现实并非如此泾渭分明。团队肯定会帮助利益相关者用一种有用的方式描述需要，而团队肯定也需要跟利益相关者密切合作识别潜在的解决方案。

最后，将需要和解决方案分开考虑也和思维模式的转变联系起来，即专注于交付价值——从关注产出转为关注结果，这将在下一节讨论。

2.3 结果和产出

当团队针对IT项目期望满足的需要形成了共识时，也就有效地理解了项目的预期结果。结果是IT项目带来的组织变化和利益相关者行为的变化。直到你交付了一些东西才能知道IT项目的结果——交付的东西，即产出——并观察产出如何影响组织和利益关系者。产出就是团队交付的IT项目中的任何内容，这包括软件、文档、流程和其他用来衡量项目进展的事物。

问题是IT项目或任何工作的目的不是为了构建产出，而是为了达到一个特定的结果。实际上，正如在1.2节所述，一个成功的IT项目寻求以最小的产出取得最大的结果。为什么要这么做？你想取得最大的结果是因为这代表你希望看到在组织中或利益相关者的行为上出现变化（或者如Jeff Patton在《用户故事地图》（User Story Mapping）一书中所说，你想看到世界的变化）。同时希望最小化产出，因为这意味着更少的工作来构建产出，更少的工作来维护产出，释放你去交付其他结果。这和敏捷原则“保持简洁——尽可能简化工作量的技艺——极为重要”相关。

正如1.2节所述，你想改变方式来定义并衡量进展和最终的成功。不再基于产出的多少来衡量进展（例如交付的特性、速度以及类似的产出），而是衡量达到预期结果的程度。这更加困难，因为结果并非总是那么容易衡量。目的和目标对此有所帮助，就如同**先见性指标**（leading indicator）一样有帮助，这将在3.4节讨论。

从另一个角度来看，满足利益相关者的需要正是你寻求的结果，而满足这些需要所交付的解决方案就是用来达成预期结果的产出。

2.4 发现和交付

第三种对分析分类的方法根据我们何时进行分析来分类。划分活动常常很有用，这可能是人们喜欢基于计划的方法所描述的各种阶段（分析、设计、开发和测试）的原因之一。将知识工作分解为不同活动有一定优势，因为没有哪一个人能擅长知识工作的每个方面，所以把活动分为不同的类别显然有助于把事情分解为可管理的工作，并把焦点集中于不同的方面。

但组织这些工作的最好方式是什么呢？当人们引用 Winston Royce 被视为瀑布计划之源头的论文（www.serena.com/docs/agile/papers/Managing-The-Development-of-Large-Software-Systems.pdf）时，通常直接聚焦到展示了几个不同阶段的图上，而这几个阶段是在创建大型系统时会发生的。但在第一页有一个很有意思且常被忽略的图，它只包含两个框，即“分析”和“编码”，并带有下面一段说明：

> 在所有计算机程序开发中，无论大小和复杂度如何，有两个基本步骤是一样的。如图 1 所示，首先是分析步骤，然后是编码步骤。如果工作量足够小并且最终产品由建造者进行操作，那这种非常简单的实现概念实际上就是所需要的全部工作——内部使用的计算机程序通常就是这样。这种开发工作也是大多数客户愿意付钱的，因为这两个步骤涉及真正的创造性工作，对最终产品的有用性产生直接贡献。

Royce 继续说到这种方法完全不适合大型软件开发项目，并揭示了他对如何看待软件开发团队的一些哲学：

> 制造大型软件系统的实施计划如果只有这些关键步骤，注定将失败。很多额外的开发步骤是需要的，但没有步骤像分析和编码步骤一样直接贡献于最终产品，而且还推升了开发成本。客户通常不愿意为此付钱，开发人员也不愿意实施这些步骤。管理的首要职责就是把这些概念推销给这两组人，并在开发人员方面执行合规检查。

虽然我不同意这段话中的所有观点，但我发现 Royce 专注于分析和编码作为客户价值的两个活动很有意思。我一直在寻找一些简单直接的方式描述 IT 项目中的关键活动，根据经验，我倾向于把它分为“找出正确的事物来创建”和“正确地创建事物”。

Ellen Gottesdiener 和 Mary Gorman 在他们 2012 年出版的《Discover to Deliver》一书中找到了合适的词语来传播这些概念。那就是：发现和交付。这两个词不仅具有头韵，而且两位作者进一步用一个无限符号包起来这两个词以表示这两个活动如何交互并彼此影响，从而进一步巩固了这些概念。终于有人听到了这些概念，Royce 一定很欣慰。

这里是 Gottesdiener 和 Gorman 对发现和交付的定义，我将在本书中继续使用这样的定义。

> 发现：探索、评估并为潜在交付确认产品选项的工作。
>
> 交付：把一个或多个已选择的候选解决方案转化为产品可发布的部分或产品版本的工作。

这个概念最有用的方面是有一个标签与不同类型的活动关联。过去团队已经从交付角度跟踪进展，但经常没有可视化发现活动。跟踪寻找正确事物的进展和跟踪构建解决方案的进展一样有用，因而我常常将发现看板和交付看板分开，这将在第 15 章详细介绍。

知识工作的方方面面都涉及发现的因素。当我们在创建、测试并部署解决方案时，仍然在“发现”关于需要和解决方案的知识。区分这两个活动以强化每个活动的焦点是有益的。发现会增加针对需要和解决方案的理解，以便交付。交付主要是关于创建、测试和部署产出，而这些活动有助于进一步理解需要和解决方案，这反过来影响你的发现。当然，发现在交付过程中仍会发生，但主要工作是创建事物以帮助增进理解。

那么设计在哪里呢，为什么没有被称为一个单独的活动？一些设计发生在发现活动中，而一些设计发生在交付活动中。发现活动中的设计通过使用**设计思维**（design thinking）技术获得对用户更好的理解，通过模型、实例和验收条件（将在第 14 章介绍）描述解决方案。BABOK v3 区分了需求和设计，如表 2-5 所示，然后说到：“需求和设计之间的区别并不总是那么清晰。同样的技术被用来需求获取、建模和分析这两者。需求会产生设计，这反过来可能推动发现并分析更多需求。两者间重点的转换往往是微妙的。”

表 2-5 需求和设计

	定义	例子
需求	需求是需要的一种可用表示形式。需求的重点是理解如果需求得到满足可以交付什么样的价值。表示形式的类型可以是一份文档（或一组文档），但可以根据不同情况而不同	查看每个供应商收到的纸质索赔数量
设计	设计是解决方案的一种可用表示形式。设计专注于理解如果创建解决方案，价值如何得以实现。表示形式的类型可以是一份文档（或一组文档），但可以根据不同情况而不同	一份报告原型

团队基于技术选型和架构限制，在搞清楚如何在技术上实现用户故事的过程中，设计就会发生。团队针对设计展开初步讨论，但随着经验增加会修改对设计的理解，这一过程中设计活动与开发和测试交织在一起。

因此，把设计作为一个单独活动不会对整个流程增加任何价值，并且还会导致毫无意义的争论——一个活动条目是在发现活动、设计活动还是交付活动中，然而在发现（准备进行迭代）和交付（迭代交付）之间明确的划分会得到更加清晰的界限。

2.5 切记

- 在试图交付一个解决方案前，先针对要满足的需要建立共识。
- 团队交付产出以达成某些结果。结果更加重要。
- 发现正确的事物来创建更有利于让你正确地交付事物。

第3章 精益创业的影响

3.1 简介

2011 年，Eric Ries 写了《精益创业》（*The Lean Startup*）一书。书中他解释了一种受科学方法影响的流程，即**创业**（创业是在充满不确定性的情况下进行产品或服务创新的组织）用来创建新公司并推出新产品的流程。表面上看，创业的情境与 IT 项目似乎完全不同。实际上，精益创业的理念经过一些小的调整后就对 IT 项目非常有用。本章我将介绍对 IT 项目高效分析非常有用的 3 种理念：

- **客户开发**；
- 创建—评估—学习；
- 度量。

来自精益创业的另一个理念——最小可行产品（MVP）将在第 5 章中会了解更多的内容，在那里我把和交付价值相关的其他概念一起进行介绍。

3.2 客户开发

Abby Fichtner（www.slideshare.net/HackerChick/lean-startup-how-developmentlooks-different-when-youre-changing-the-world-agile-2011）描述了精益创业的两部分：客户开发（最初由 Steve Blank 在《The Four Steps to the Epiphany》一书中提出）和敏捷开发。Abby Fichtner 指出了这种方法的两个方面：

> 当我们不知道问题时，客户开发是有用的。
>
> 当我们不知道解决方案时，敏捷开发是有用的。

"不知道问题"，这是在 IT 项目中经常面对的情形，通常有一个解决方案的幌子但却没有识别出要解决的核心问题。通常你不会试图通过 IT 项目来满足市场需求（也许用直接满足更合适），但客户开发仍然能对如何进行 IT 项目提供一些深入洞察以帮助澄清要满足的需要。

在《The Entrepreneur's Guide to Customer Development》一书中（我建议在尝试"4 步"之前先阅读此书）Brant Cooper 和 Patrick Vlaskovits 将客户开发定义为"一个 4 步框架，它能发现并验证产品的市场，创建能解决客户需要的产品特性，测试用于获取并转化客户的方法，以及部署合适资源以支持业务规模化"（参见书中第 9 页）。

表 3-1 展示了由 Cooper 和 Vlaskovits 总结的 4 个步骤，以及与 IT 项目的关联。

表 3-1 客户开发的步骤与 IT 项目的关系

客户开发步骤	定义	IT 项目的适用性
客户发现	产品解决了一组确定用户的问题	理解利益相关者和他们的需要
客户检验	市场可以扩张且足够大，从而能建立一个可行的业务	了解是否有任何建议的解决方案是值得的
公司创建	通过一个可重复的销售和市场路线图，业务是可扩张的	解决方案是否具备足够的扩展性以满足所有利益相关者的需要
公司扩张	公司的部门和运营流程建设起来以支持扩张	随着解决方案的扩展，需要什么额外支持

客户发现提供了一个用来验证假设的有效框架。这一框架能帮你确定是否理解了将要满足的需要以及是否满足了正确的需要。Cooper 和 Vlaskovits 建议在创业环境下的 8 个步骤，如表 3-2 所示。

表 3-2 客户发现步骤

客户发现步骤	描述
1．记录客户—问题—解决方案假设	确保知道客户是谁，他们的需要是什么，以及什么是你认为的最好的解决方案来满足这些需要。把这个信息明确化，这样你就知道想要测试的假设是什么
2．头脑风暴商业模式假设	记录所要验证的所有假设。对当前商业环境的假设和想要做的改变要格外注意
3．找潜在顾客谈话	确定你认为有需要的顾客，从而能验证解决方案是否满足了这一需要。你确定的潜在顾客能帮你验证假设并测试解决方案
4．接触潜在顾客	联系第 3 步中你确定的潜在利益相关者并询问他们是否愿意提供反馈

续表

客户发现步骤	描述
5. 与潜在客户建立密切关系	与愿意提供反馈的潜在顾客建立密切关系，以便发现所提出的解决方案是否解决了他们的特定问题。这些对话能让你在一定程度上测试并验证假设
6. 阶段门限 I：编译|评估|测试	确定从与潜在顾客互动中获取的信息是否证实了假设并通过了第一轮测试，或者需要带着一个修改的假设或全新的假设（转型）重返第1步。这一步提供了一个检查点：根据当前所知，我们是有了一个可行的解决方案，还是需要重新审视它
7. 问题解决方案匹配/MVP 测试	开始开发产品并经常通过用户进行测试，不一定非要从可用性的角度进行测试，也可以从适合性的角度来测试：这一产品解决了客户的问题吗？频繁与客户互动为正在创建的产品提供了反馈。还能确定环境的变化或通过观察解决方案的互动而得到的新见解是否改变了客户关于需要的理解。通常，看到一点点功能，就能激发新的见解或想法，从而引出一个不同的方法来满足需要
8. 阶段门限 II：编译|评估|测试	向客户发布一些能对他们产生价值的东西。这一步提供了一个机会来决定是否继续原来的解决方案，修改方向还是停止尝试。你要根据从多个来源得到的数据进行决策

表 3-3 是客户发现流程用于 IT 项目的总结。

表 3-3 客户发现应用于 IT 项目

步骤	描述
1. 识别需要	当启动一个 IT 项目时，可能并非总能立即知道你试图满足的真实需要。在某些情况下，只扔给你一个解决方案，在某一点时，你要对工作回溯以便找出你在努力满足的真实需要
2. 假定潜在解决方案	一旦你理解了真实需要，就可以假定一个潜在解决方案。如果最初时扔给你一个要交付的解决方案，可以把它作为一个候选，但你可能会发现要满足的需要应该由一个完全不同的解决方案满足
3. 识别假设	识别与假定的解决方案相关的假设，这包括： • 商业环境 • 项目依赖 • 解决方案的最低要求 • 所需的变更管理 一个有用的识别假设的方法是问："为了使这个解决方案有效，必须保证什么条件？"
4. 验证假设	与利益相关者交谈并收集数据验证假设，同时测试解决方案。有许多不同的方式可以验证假设。在本章后面我将介绍一些受到精益创业社区启发的方法

续表

步骤	描述
5. 开始交付	一旦你觉得验证了足够多的假设，就开始交付一个最小可行解决方案，并从利益相关者那里频繁地获取解决方案是否满足了他们的需要的反馈
6. 不断重复评估解决方案	不断重复评估解决方案以确保基于最新得到的信息，这么做是值得的。定期反省是否应该承诺，转型或停止该解决方案

这一客户发现流程影响了我的分析方法与敏捷思维模式，这将在第6章介绍。

验证假设要记住的最重要的事情是：忠告“**走出办公楼**”。（对于IT项目，更适合的措辞可能是“走出你的小隔间。”）换句话说，跟利益相关者交谈以验证假设。或者更好的是，在他们的工作环境观察他们的工作以便真正理解他们的需要。

有一些从精益创业社区涌现的技术能够提供验证假设（一般而言也会改进**需求获取**）的有用的方法。下面我会介绍几个这类技术。

Cooper和Vlaskovits介绍过一个由Steve Blank建议用来进行讨论的技术。这要创建一张包含3列的纸或幻灯片：

- 问题；
- 利益相关者的现有解决方案（临时方案）；
- 你的解决方案。

刚开始和利益相关者交谈时，你只看到问题这一列。一旦利益相关者确信你理解了他们的问题，就可以揭开现有解决方案一列并展开讨论。最后，揭开你的解决方案一列。通过这种方式引导讨论常常可以揭示关于利益相关者需求的大量信息。

另一项技术，或者说是对利益相关者访谈的一组优秀实践，是Rob Fitzpatrick称为“妈妈测试”的技术：

（1）谈论他们（利益相关者）的生活而不是你的想法。
（2）询问过去的细节而不是对未来的概想或意见。
（3）少说多听。

Fitzpatrick在《The Mom Test》一书中介绍了用于客户和利益相关者访谈的妈妈测试和其他许多优秀实践。

这两种技术都是为了帮你和利益相关者交谈并减少认知偏见（第4章介绍）对这些讨论的影响。即便使用这些技术，也不能总是完全依赖利益相关者的话。

因此，收集这些问题的其他信息来看看利益相关者实际上做了什么就非常有帮助。调查也应该是验证假设和测试解决方案的一部分。这里认知偏见的知识就很有用，它能帮你判断什么时候听到的利益相关者的反馈是真实的，什么时候是空话、套话。

3.3 创建－评估－学习

创建－评估－学习循环（见图 3-1）是由 Eric Ries 在《精益创业》一书中提出的概念，用于描述创业公司将想法转化为产品的反馈环。

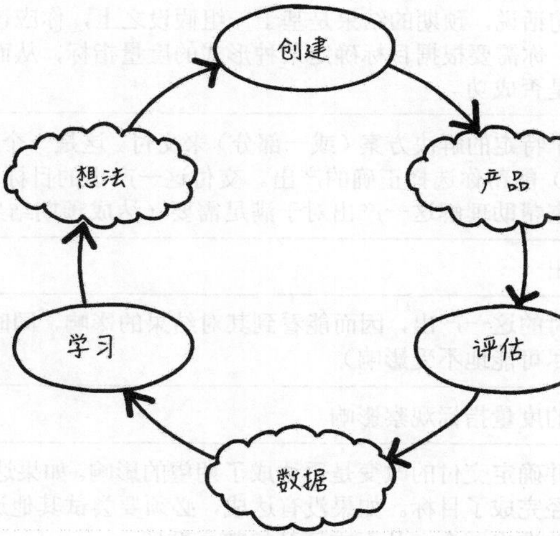

图 3-1　创建－评估－学习循环

创建－评估－学习循环是**计划－执行－学习－行动**（PDSA）循环的一个应用，PDSA 循环最初由 Walter Shewhart 创立并被 W. Edwards Deming（爱德华兹·戴明）所提倡。PDSA 循环已经被各种组织用了几十年以持续改进工作。创建－评估－学习循环在 PDSA 之上增加的最主要的内容就是强调通过循环越快越好，以便验证假设并测试解决方案，从而强化了创业活动和实验的关系。

正如 3.2 节客户开发所述，在项目中尽早验证假设非常重要，这样就可以确定是否找到了正确问题的正确解决方案。询问利益相关者的反馈是有益的，但受认知偏见影响，他们有时会给你带误导性的信息。这就是使用创建－评估－学习循环的原因。在和利益相关者交谈的同时，它提供了一种验证假设的方法。它还囊括了一个创建产品并收集反馈的完整方法，而这正是反思与适应这一指导原则的重要方面。

通过创建－评估－学习的快速循环也能帮助团队减少 IT 项目中的不确定性，它通过验证假设一点一点地减少了不确定性。首先希望从最大的或最具风险的假设开始解决。Eric Ries 称之为“大胆假设”，但可能更容易将这些假设理解为一旦证明是错误的，那么项目将失去成功的机会。

表 3-4 详细解释了创建－评估－学习循环的每一步。

表 3-4 创建－评估－学习循环详细解释

步骤	描述
想法	利益相关者有需要。你理解那个需要并且认为已经找到了解决方案能满足那个需要。换句话说，预期的结果是基于一组假设之上，你应该通过某种方式验证这些假设。你需要根据目标确定某种形式的度量指标，从而日后用作测量仪以衡量项目是否成功
创建	你选择一个特定的解决方案（或一部分）来交付。这是一个产出。影响地图（第 14 章介绍）能帮你选择正确的产出。交付这一产出的目标不一定是最终目标，也可以用来帮助理解这一产出对于满足需要（达成预期结果）的影响
产品	项目的产出
评估	你单独交付的这一产出，因而能看到其对结果的影响，同时不受其他因素影响（至少是尽可能地不受影响）
数据	通过确定的度量指标观察影响
学习	检查数据并确定交付的改变是否达成了期望的影响。如果达成了的话，非常棒！你可能已经完成了目标。如果没有达成，必须要尝试其他选择。你可以看看剩余的选项并选出一个，从而重新开始整个循环

在一些 IT 项目中，你知道需要完成什么，并且有一个明确规定的事情要完成。这种情况在创建项目实现组织战略时很常见。在这些情况下，创建－评估－学习循环变得更大，并且可能有其他想法在短期内更有用，例如，包括在项目范围中的一切是否都是必要的。

3.4 度量

因为度量是创建－评估－学习循环的一个重要方面，所以深入了解有效使用度量的方法就很有用。如果团队要度量，可能会通过承诺的故事点和实际的故事点或交付的累积故事点之间的对比指标来反映团队的产出。如果使用得当，这些指标可以发现趋势以表明有关团队产能的假设是否是错误的。为了衡量项目的成功与否，应该使用能表明是否达成预期结果的度量指标。这种类型的指标并不普遍，因为它们更难以衡量。Douglas Hubbard 在《How to Measure Anything》一书中指出人们在决定使用何种指标时往往把收集指标数据的成本考虑在内，而不会包含指标的价值。因此，产出的度量很常见，而结果的度量却比较罕见。

3.4.1 好的度量指标

那么，好的度量指标是什么样子呢？Alistair Croll 和 Benjamin Yoskovitz 在《Lean Analytics》一书中指出好的度量指标具备一些特点，这同样适用于 IT 项目和创业。表 3-5 列出了这些特点。

表 3-5 好的度量指标的特点

特点	描述
比较性的	如果能比较某度量指标在不同的时间段、用户群体、竞争产品之间的表现，就更容易发现趋势和趋势的走向 例如，知道上周收到 650 单纸质索赔及本周收到 500 单远比只知道本周收到的纸质索赔数量更有意义
简单易懂的	期望人们能够记住、讨论并解读度量指标，以便能改变人们的行为。如果人们不能容易地记住或讨论某个指标，那么将数据上的改变转化为组织文化的改变就更加困难 例如，如果团队正在进行一个增加库存周转的项目，那么知道库存周转率的计算公式为（销售商品的成本/平均库存）是很有用的，从而团队就知道什么因素能带来预期结果
是一个比率	比率之所以是良好的度量指标，是因为： • 更易于采取行动 • 天生比较不同因素 • 适用于比较各种因素间的矛盾关系 例如，在会议投稿系统（第 7 章中介绍）中要知道议题的评论的一般趋势，关注每个议题的评论远比仅仅一个评论数能得到更多信息
会改变行为	这是度量指标最重要的特点。跟踪度量指标的主要原因就是为了改变行为。如果度量指标不能改变行为，那跟踪这些指标就是在浪费时间。所以当确定指标跟踪结果时，要记住这一关键点 例如，医疗保险公司担心能否处理预期的索赔增加。他们不想雇佣更多员工，并发现纸质索赔申请需要相当大量的处理时间。因此，该公司将每周收到的纸质索赔申请数量作为一个指标，用于测量他们的行动如何改变供应商开始提交电子索赔申请的行为

请记住好的度量指标的这些特点，表 3-6 提供了一些好的度量指标的例子，这些指标关注结果而不是产出，同时也展示了如何从目的和目标得到这些指标。

表 3-6　好的度量指标的例子

目的	目标	度量指标
改进现货购买做法并减少库存	到第 4 季度库存周转率从 5 年增加到 10 年	库存周转率
提升能力以处理预期索赔量的增加	到第 4 季度每周收到的纸质索赔数量从 1000 周降低到 500 周	收到的纸质索赔申请数量/周
增加投稿人收到的议题反馈	90%的议题在投稿一周应该有一个评论，投稿两周有 3 个评论	评论数/议题

我们来仔细看看表 3-6 的最后一个度量指标，这是第 7 章介绍的会议投稿系统的指标。该目标意味着评审人改变行为以提供更多反馈给议题提交人，同时也是评估团队该开发什么功能以驱动评审人行为改变的重要参考。该度量指标隐含着如下功能：

- 提交议题的能力（假设该议题尚未提交）；
- 发布评论的能力；
- 当新提议发布到给定主题时的通知能力；
- 议题提议何时提交的信息；
- 议题提议收到的评论数量的信息。

在这个例子中，该度量指标和团队希望达成的结果相关，因而在决定该交付何种产出时提供了非常有用的信息。

3.4.2　度量指标的考虑因素

Croll 和 Yoskovitz 也介绍了当确定 IT 项目的度量指标时要考虑的 5 件事情。度量指标如何有效地在你试图作决定时提供有用的信息，考虑这些事情至关重要。

1. 定性指标与定量指标

定性数据是非结构化的、经验性的，并且难以量化和聚合，但它能提供有用的洞察。定性数据通常用来回答“为什么”并能充分地处理情绪问题。当你最初试图理解利益相关者及其需要时，就是在处理定性数据。

定量数据是我们跟踪和度量的数字和统计数据。他们提供可靠的数据，虽然易于理解但通常缺乏直观的洞察。定量数据善于回答“什么”和“多少”的问题。

2. 虚荣指标和可付诸行动指标

虚荣指标让你感觉良好，但不能帮你做出决策或采取行动。虚荣指标通常不具有表 3-6 列出的好的度量指标的所有特点。虚荣指标的一个例子是全部评论数。

可付诸行动指标通过帮你遴选出一个行动方案以改变你的行为。这种指标通常满足好的度量指标的所有特点。可付诸行动指标的一个例子是每个议题的评论数。

为了确定你有一个可付诸行动指标还是虚荣指标，你可以反躬自省"我会根据这些信息采取什么不同的行动？"如果无法想到任何不同的行为，你就是在使用一个虚荣指标。

3. 探索性指标与报告性指标

探索性指标是推测性的，它能帮你发现新的洞见，确保你在解决正确的问题。他们发生在你不知道该问什么问题的时候。探索性指标的一个例子是第8章Arthur和团队在佣金系统的案例中探索佣金的哪些方面能影响销售人员的行为。

报告性指标帮你跟踪日常操作，并识别既定的流程何时偏离正常的操作。当你知道要问什么问题但不知道结果时，报告性指标是有用的。报告性指标的一个例子是速率。团队能用速率来发现流程中的潜在问题。

4. 先见性指标与后见性指标

先见性指标（有时称为领先指标）能帮你预测未来。这种指标通常不代表你试图达到的最终结果，但会提供一些指标表明达到预期结果的可能性有多大。

后见性指标解释过去。后见性指标提示问题的存在——但等到你能够收集数据并发现问题的时候，就太晚了。如果正处于收益兑现的过程，就可以使用这种类型的指标。首先部署解决方案，等待它对组织产生效用，然后经过一段预设的时间，就可以用一个选定的指标进行度量并确定其结果，从而得到项目有多成功的指示。这种方法的缺点是，此时项目已经结束了，所以如果发现并未得到预期结果的话，那么你至少知道不会再这样做了。

显然先见性指标更好，因为它们能提供指导行动的信息并且具有更短的反馈周期。

5. 相关性指标与因果性指标

如果两个指标一同变化，他们就是相关的。指标间的相关性可能很有趣，而且有时能帮你预测将要发生什么，特别是在一个指标的变化先于相关指标的变化时更是这样。这是一个好的情形。

如果一个指标的变化导致另一个变化，那么它们之间具有因果关系。指标间的因果关系非常有用，因为这表明你可以做出什么样的改变以取得特定的结果。

识别相关性可以帮助你确定因果关系，但重要的是，要记住导致某件事情发生的原因通常涉及很多因素。尽管如此，找到部分因果关系也能帮助团队找到通往成功结果的路径。

当你创建度量指标并和目标一起使用时，如果不是结果的直接原因指标，至少使用一个与结果相关的指标是非常重要的。如果没有这种关系，可能最终发现基于跟踪的目标，项目不可能交付这一结果。例如，如果佣金系统替换项目的目标是增加销售，但是所有工作都集中于改善计算和支付佣金的流程，那这可能是一个不现实的目标。虽然佣金对销售确实具有影响，但提高佣金流程的效率可能不会推动销售。然而，如果这一流程减缓了佣金支票的生产速度，可能会对销售造成负面影响。

3.4.3 创建度量指标

好的度量指标是一种强有力的方式，可以用来描述 IT 项目期望达成的目标以及距离目标还有多远，并驱动所需的行为改变。糟糕的度量指标也能带来行为改变，但那可能不是你想要的。当试图为项目创建一种度量指标时，请记住好的度量指标的特点，并记住不同类型的指标适合不同的情况。表 3-7 展示了前面介绍的各种指标及其所适合的不同情形。

表 3-7 适合不同情形的度量指标

	项目目标	发现	流程健康度
定性指标/定量指标	定量指标	定性指标	定量指标
虚荣指标/可付诸行动指标	可付诸行动指标	可付诸行动指标	可付诸行动指标
探索性指标/报告性指标	报告性指标	探索性指标	报告性指标
先见性指标/后见性指标	先见性指标	后见性指标	先见性指标或后见性指标
相关性指标/因果性指标	因果性指标	相关性指标或因果性指标	相关性指标/因果性指标
例子	纸质索赔申请数量/周	对不同佣金结构的销售的影响	速率（故事点数/迭代数）

Eric Ries 针对如何使用度量指标提出了一些建议（www.fourhourworkweek.com/blog/2009/05/19/vanity-metrics-vs-actionablemetrics/），这些建议有助于更加高效的使用指标。

1. 关注少数关键指标

更多指标不一定更好。最有可能的是，只用测量一小部分东西就可以告诉你IT项目是否成功，并且当项目偏离预期结果时能够识别出来。确保项目的目标数量足够少，如1~3个。目标的数量越多，越有可能冲突，并且越有可能让你的努力变得分散而不集中。最好只有少数几个度量指标，从而对项目预期目标提供清晰的方向，而不是有好几个潜在冲突的目标，过多的度量指标既分散团队注意力，又让行动决策变得困难无比。

Croll 和 Yoskovitz 建议创业公司应该使用**第一关键指标**（One Metric That Matters，OMTM），即在任何给定的时间里，都有那么一个指标，值得创业公司关注而胜过其他一切。第一关键指标通常由创业公司所处的成长阶段决定，并且随着创业公司的生命周期而改变。第一关键指标背后的原因是通过关心一个关键事情，创业公司就能有一个明确的专注点，正如 Croll 和 Yoskovitz 所言："以正确的心态，在正确的时间，做正确的事情。"

你也可以在IT项目上使用第一关键指标。确定一个单一的目标，使团队能够聚焦于能够满足该目标的产出，并消除（至少是推迟）任何与该目标无关的事物。接下来团队就能移动到下一个目标并满足它。如果你面对项目时只能说"这些目标都需要满足"，那么你可能面临着下列情况之一。

（1）要么你认为是目标的一些事物其实是限制，要么他们描述的其实是产出而不是预期的结果。

（2）你想在 IT 项目中解决太多问题。这是一个项目范型的问题。IT 项目就变成了一堆变化组成的垃圾堆积场，而组织期望对流程或系统实施这堆变化。这些变化自身无法保证会得到主动解决，但如果一堆变化组合在一起，项目发起人就会觉得这个项目是合理的。

通过限制要达到的目标数量来控制项目的范围，有助于团队更快地达到目标，同时创建尽可能少的产出——总之能达到双赢。

2. 聚焦宏观

那些少数度量指标应该是组织非常关心的事物并且应该在衡量项目价值时能立即识别出来。这就是为什么最好从期望达到的目的开始，并用与其相关的目标来衡量项目是否成功。

3. 保留细节以供参考

即便是聚焦宏观，将导致宏观信息的细节保存起来，也是有益的，这样就能在需要的时候做进一步的研究。当数据和人关联起来时就更好了。如果正在看人们如何使用项目产出的相关数据，你会发现要确定为什么某些事情会发生的最好方式就是和那些试图使用系统的人进行对话。

记住这些理念将帮助你保持专注于所要完成的重要方面，而不会被明亮、闪耀却完全无用的虚荣指标分散注意力，这些虚荣指标一直在角落里跳上跳下，试图得到你的关注。

3.5 切记

- 尽早并频繁地验证假设。
- 缩短反馈周期。
- 使用度量指标来帮助你确定是否在交付预期结果的道路上。

第4章 决策

4.1 简介

本章详细讨论如何做出决策，特别是决策的结构、真实期权的理念和阻碍有效决策的认知偏见。

4.2 决策的结构

决策是一个相当模糊的概念，所以这里的一些结构有助于解释什么是明智的决定：

- 确定决策者；
- 选择决策机制；
- 确定需要什么信息；
- 做出及时决定；
- 与同事/利益相关者建立支持；
- 沟通决策；
- 执行决策。

4.2.1 确定决策者

虽然这看起来像一个无脑的问题，但如果不知道谁该做决策，那么就很难产生决策。每个人的思考方式都大不一样。当制定决策时，有些人严重依赖于他们对各种选项的感受，然而有些人可能更喜欢收集大量数据并仅仅依靠纯粹的逻辑。

知道谁做决定会影响决策的机制。历史的经验表明，单一的决策者是最有效的模式。这类似于多人负责一项任务的情况，这种情况下任务无法完成的概率大大增加，因为每个负责人都认为其他负责人正在处理这一任务。几年前我在一个大型企业级的**项目集**（program）有过亲身经历，该项目集试图把3个以前自主经营的业务单元进行合并。该项目集功能失调的主要指标之一是其相当可观的**组织架构图**（organization chart）。除了向公司CEO汇报的总经理，组织架构图中的每个关键位置都包含一个委员会而不是一个单独的个人。这一结构让每个人都能貌似合理地推诿责任。没有明确的决策职责划分，也就没有明确的决定。

该项目集的一个重要工作就是一项新的信贷政策，该政策是被新成立的组织计划使用的综合性政策。该政策包含各个业务单元信贷政策的各部分的一个文档，却没有花力气将它们融合成内聚的整体政策。当团队遇到信贷政策的一部分和另一部分冲突的情况时——这是可能的，因为它们来自不同的业务单元，项目集的进展不得不戛然而止。当团队试图确定谁是合适的人对信贷政策问题做出决定时，得到的却是无休无止的电子邮件和讨论。

确保决策者的单一性非常有用，但这可能并不总是现实的，特别是在一个项目影响几个不同的利益相关者，并且没有明确的负责人有能力做出关键的项目决策的时候。IT项目中常常如此，如医疗保险公司的索赔数据仓库项目。因为索赔信息对一家医疗保险公司的许多方面都至关重要，很难找到一个人，或一个部门，能对许多关键决定做出最后裁定。在这些情况下，与其找一个**决策者**（decider），不如找一个**决策领导者**（decision leader）。决策领导者负责确保合适的人具有尽可能多的信息并做出决策。

产品负责人角色在敏捷方法中往往作为一个关键的决策者，这一角色也可以是决策者或决策领导者。当一个人在IT项目中充当产品负责人的角色并对项目的结果负责时，他通常就是决策者。第8章介绍的案例中Arthur就是这种情况。在案例中，Arthur是负责佣金系统的经理。另一方面，当产品负责人是在IT部门选拔出来负责管理类似之前提到的索赔数据仓库项目时，他就是一个决策领导者。业务分析师常常发现自己在扮演产品负责人角色，正是这样的情况。

4.2.2　选择决策机制

Ellen Gottesdiener写了一篇关于不同决策机制的精彩文章（www.ebgconsulting.com/Pubs/Articles/DecideHowToDecide-Gottesdiener.pdf）——实际上，它更多的是关于如何决定怎么决策的。这里的每一项在什么时候使用合适，以及如何发挥作用，以下是我补充的想法。

1. 任意

这也可以被描述为翻硬币机制，即“随便选一个”的方法。**任意**的决策机制通常并不是最好的方法，但当决策的结果没有真正差别时，可以用这种方法。这种方式和**决策者不经讨论进行决策的机制**（稍后讨论）非常接近，特别是当决策者陷入杂志产品选择模式时——此时决策者碰巧读到一篇关于新产品的文章，之后不久便决定购买它，但并未清楚地理解为什么应该使用该产品。

2. 决策者经过讨论进行决策

决策者经过讨论进行决策是产品负责人可以使用的有效方式。当决策者（如产品负责人）和利益相关者进行沟通，以获知他们的观点并理解可能的选项，同时基于收集的信息综合做出决策时，这种方式就非常有效。

3. 共识

共识决策比较缓慢，又极具合作性。一些组织机构以自身是协作决策者为自豪，但这也常常导致机能失调从而做不出决策。

4. 委托

委托是指首要决策者指定其他人对项目的部分或全部关键决策进行决策。决策者可以指定被委托人是完成特定的决策，还是可以做出所有决策。只有当委托人完全支持被委托人做出的决策时，这种方式才会有效。如果后来扭转被委托人做出的决定的话，会削弱被委托人获得的权威或责任（或信心）。在代理产品负责人所在的项目中，委托可能是最合适的决策机制，只要最终决策者向被委托人提供有用的决策过滤器并完全支持被委托人的决策就可以。

5. 决策者不经讨论进行决策

这是一种独裁，它会快速导致功能失调的结果。决策者最开始可能在不接受其他人意见的情况下做出一些恰当的决策，但缺乏信息输入最终会导致决策者做出不明智且具有潜在灾难性的决策。

6. 谈判

在**谈判**中，每一方都放弃了一部分主张，试图找到一个每个人都能接受的解决方案，但却没人完全满意。组织中政治越是普遍存在，使用这种方式的可能性越大。

7. 多数投票

多数投票（majority vote）的决策机制涉及对两个或多个选项进行投票并统计

票数。获得多数票的选项胜出。这种方式有明确的赢家和输家，并能导致敌对的环境或加强一个已存在的方案。这一方式对不需要所有人都支持的决策是一个可行方式，因为通常你不会得到一个所有人都支持的决策。然而，对于大多数组织而言，这可能不是最好的机制。

8. 自发的一致

当这种机制发生时会很棒，但**自发的一致**（spontaneous agreement）相当罕见，并且也是一种表明太多**群体思维**（groupthink）在起作用的潜在迹象。

4.2.3 确定所需的信息

通过确定何时真的需要做出决策，你常常会创造一个机会来收集选项的更多信息。接着，当必须做出决策时，就能做出最明智的决策。找出你所不知道的，并尽可能填补上知识缺口。可能无法填补所有的缺口，但你至少能填补上一部分并特意做出假设以便获得其余信息。

在新西兰 SDC2011 大会上，Nigel Dalton 讲了一个故事，是关于他以前收集信息支持决策的方法的。他当时所做的工作是公司有史以来面临的最大举措之一。他考虑将**业务案例**（business case）拉到一起，因此他决定采用一种完全不同的方式。他征用了一间会议室，并用白板油漆粉刷墙壁。接着他让团队把所有业务案例的信息写在墙壁上。然后邀请利益相关者到会议室里走一圈并把他们关于业务案例的想法加上去："这是垃圾。""我永远也不会想到那么做。""这是一个很棒的主意。"

团队和利益相关者用 3 周时间分享了故事、收益和成本。

当利益相关者需要做出是否资助的实际决策时，讨论相当迅速并且该项目得到了资助。

Nigel 是如何设法使业务案例获得批准的？他给了利益相关者做出明智决策所需的数据，并给他们足够的时间进行考虑、讨论、提问并解决。

他知道何时要做出决策，并利用这段时间把相关信息提供给利益相关者。另外，他也给利益相关者时间以便把想法梳理清楚。

下一次你和几个人要参与制定一个相当有争议的决定时，就值得考虑与利益相关者一起使用这一模式。

当收集信息时，获取你能得到的，但不要花费大量时间试图得到不能获取的数据。在做出决定前抑制住企图了解所有信息的诱惑。很有可能的情况是，你无法获得想要得到的每一份信息。因此要找出关键信息是什么，利用合适的时间找出关键信息，然后用假设填补中间的空白。只要记下这些假设就可以在日后检查它们的有效性。

4.2.4 及时做出决定

怎么才能知道何时需要做出决定呢？大多数决定都涉及从一组选项中做选择，每一个选项只有一段特定的时间是可用的。你必须在第一个选项过期之前做决定，并同时收集信息。你甚至可能不需要做出最后决定，而只需要决定是选择即将过期的选项还是使用一个完全不同的选项。这一理念来自于真实期权的概念，本章下文将进行详细介绍。

决策的时机跟信息有关。做决策太快的人因为没有花时间去收集关键信息，就会失去利用关键信息做决策的机会。做决策太晚的人常常因为犹豫太久并企图找到每一丝信息，同时分析能力太弱又葬送了潜在的最优选择，从而只剩下比较少的选项列表可供选择。

在收集足够信息和花费太多时间试图收集不存在的信息或无用的信息之间，要有一个良好的平衡点。你不会知道有多少信息是可用的，除非你开始启动找寻信息，因而最需要做的事情就是确定何时你必须做出决策，然后利用这段时间收集信息。

我曾在一个项目中为一家医疗保险公司实施一项护士在线**服务**（service）。该服务需要经过专门培训的人员来应答电话，即护士人员。这项活动并非医疗保险公司的核心竞争力，所以我们选择一家专注于护士呼叫中心的小型公司进行合作。该供应商在这一领域非常在行，但他们公司规模比较小，而医疗保险公司的业务比任何供应商之前提供的服务都大很多，这对该供应商的技术能力造成了巨大压力。

为了使医疗保险公司能对护士在线服务进行数据分析，供应商必须提供呼叫方的会员资格信息，而这是医疗保险公司根据不同雇主群体的某种复杂分组方案而得来的，从而就需要该供应商进行额外的开发工作。

医疗保险公司的一些成员担心该供应商不能按时完成所需的工作，那样的话即便我们能运营该服务，我们收到的数据也无法满足分析的需要。因此，我们需要做一个决策：我们是否可以信任供应商到期能够提供必要的功能，而如果没有提供的话，我们就陷入糟糕的状态；或者我们能够在内部增加些额外的工作以确保产生必要的分析数据。我们离目标实施节点还有 3 个月的时间，但有强烈的愿望要现在就做出决策。

最终我们选择了第三个选项。我们按照供应商能履行承诺来推进项目，同时遵循一些设计方法以便我们能在供应商无法交付时快速响应。我们推迟了决定以便收集更多信息，即团队成员的担心是否是合理的信息。

该供应商有能力交付其承诺，同时我们也发现通过使用特定的设计方法来延迟决策，既节约了时间也节约了金钱。关于供应商交付能力的担心是没有根据的，但具备能力以规避其一旦成真的风险让我们感到心安。

4.2.5 与同事/利益相关者建立支持

决策的方法会影响你需要多长时间能赢得同事和利益相关者的支持以便做出决策。如果通过共识进行决策，你应该已经获得决策所涉及的每个人的支持了。唯一的问题可能是，你是否将决策的每个关键人员都包含了进来。

如果你是唯一的决策者，就需要做更多的工作。基于他人的输入做决策有利于获取支持，特别是需要核心人员的支持，就应当聆听并慎重考虑他们的输入信息。Nigel 的会话室发挥了两个作用：帮他收集信息，同时也帮他在信息收集过程中跟所有利益相关者建立了支持。

如果你用独裁的方式做出决策，可能很难建立支持并且可能永远也无法赢得每个人的支持。而且，你可能认为基于你在组织架构中的位置，也无需获得支持。表面上看这可能是真的，然而在和同事或利益相关者建立支持失败的情况下，将导致颠覆决策的行动。特别是在被动—攻击的环境或高度政治化的环境中更是如此。

沟通决策的方式可能是建立支持的一个重要方面，特别是对于那些通常不希望参与决策的利益相关者而言更是如此。

4.2.6 沟通决策

制定决策的最后两个步骤似乎会落入“别开玩笑”的俗套，但我认为它们非常重要并值得一提。首先是确保你真的传达了决策。换句话说，你做出了决策，接下来要确保那些你期望执行决策的人和受影响的人知道这一决策。我已经不记得有多少次在我所参与的项目中，我太晚得知一个决策直接影响了我的工作或跟我相关的工作。在篱笆的另一面，是一个让几个人吃惊的人，我发现大多数时候（但并非总是这样）这种吃惊是因为忘了告诉每个人。不要这样做！

也有些时候，人们做出了决策却害怕就它进行沟通，因为他们害怕人们的反应。这种不情愿是可以预期的，同时有助于快速检视这些想法。如果某个人因为无论什么决策都很难过，问题就变成了“我们是让合适的人难过吗？这会促成我们期望的行为吗？”如果你不希望人们不安，但仍然担心的话，这可能是一个你做出了错误决策的迹象，你可能需要从这个视角快速重新评估该决策。

4.2.7 执行决策

这一步看上去像是无需多言的，但是我也有过太多次决策制定后而没人采取行动使其成为现实的经历了。想法就在那里，但却缺乏执行力。背后的原因与决策未被沟通的原因相当类似：要么我们忘记了，要么我们害怕将其付诸行动。

在做决策时，最好同时考虑如何执行决策。决策的执行在能否产生决策制定者所期望的结果上，会起到巨大的作用。

4.3 真实期权

人们厌恶不确定性。当在错误的路和处于不确定状态之间做选择时，很多人宁可冒选错的风险，也不愿继续处于不确定的状态。然而，这种倾向往往导致决策不明智，这没有任何合理的理由可以解释，仅仅是因为人们在不确定的情况下会感觉很不舒服。

Chris Matts、Olav Maassen 和 Chris Geary 在图形化的商业小说《Commitment》一书中介绍了真实期权的理念。这一理念概括如下：

- 期权具有价值；
- 期权会过期；
- 绝不过早承诺，除非知道原因。

有两个细微但却很关键的点使得真实期权的理念在日常生活中特别有用。首先，重要的是不要混淆期权和承诺。期权是你有权利但没义务做的事情。承诺是你必须做的事情。很多人认为是承诺的事情（如飞机票、音乐会门票或体育赛事的门票）其实是期权。当你购买机票时，你是在购买乘坐飞机的期权，但你并非必须乘坐。当然，你会损失买机票的钱，但你没有义务要乘坐航班。而另一方面，航空公司已做出要把你送往目的地的承诺（即便经常旅行的人感觉并不总是这样）。理解期权和承诺之间的核心差异有助于你对许多决策保持头脑清醒，因为你将不再感觉被困在一个特别的决策中。

其次，真实期权的理念能帮你确定何时需要真正做出决策。当面对一个决策，花几分钟时间找出你的可选项，并确定这些选项何时会不再可用——即何时过期。你就可以利用在第一个可选项过期前的这段时间收集更多信息以帮你做出决策。即便到时候你可能也无需做出最终决策。真正需要决定的是这一选项是否就是你希望选择的还是愿意选择其他选项。

我们来看一个水星太空计划的例子。1962 年 2 月，约翰·格伦（John Glenn）试图成为第一个绕地飞行的美国人。这次飞行计划了 3 个轨道。在第一个轨道结束时，航天地面指挥中心刚要将约翰·肯尼迪总统与格伦进行连线，但他们收到了“Segment 51”报警，接着格伦遇到了高度控制问题。航空地面指挥中心向总统汇报当前他们有点忙，稍后将回拨，接着团队就开始分析这一错误意味着什么。

Segment 51 指示着陆袋的部署——这个橡胶袋在太空舱重新返回后将充气膨胀以保持太空舱漂浮在海面上。着陆袋位于热防护罩的后面，而热防护罩可以保护水星太空舱免受重新返回时产生的巨大热量侵袭。如果着陆袋真的部署了的话，那意味着热防护罩也和太空舱松开了，而这对约翰·格伦可不是个好消息。基于已有的数据，水星太空舱在重新返回过程中可能会燃烧殆尽。

航空地面指挥中心立即开始检查可选项。理论上，与其跟以往一样抛弃制动装置以减缓太空舱的返回速度，他们也可以将制动装置保留在那里以保护热防护罩。而有些团队成员认为 Segment 51 警告可能是由电气故障引起的误报，这样就意味着将制动装置保留下来将会对格伦和太空舱引入不必要的风险。

还剩下两个轨道，航空地面控制中心启动了一系列并行活动。一些控制人员试图确定这是一个电气故障还是热防护罩已经脱离。另一些人试图找出如果制动装置保留在太空舱上将会发生什么，而还有一些人在确定一旦他们决定要保留制动装置的话，如何改变返回程序。克里斯·克拉夫特（Chris Kraft），航空飞行主管，延缓了是否要保留制动装置的决策，从而能收集尽可能多的信息。

沃尔特·威廉姆斯（Walter Williams），运营负责人，也是克拉夫特的老板，最终决定只有在制动装置火箭发射后才保留制动装置，这样团队确信火箭在返回途中不会有爆炸的风险，同时也还有足够的时间来改变返回程序以适应变化。当然，格伦最终安全返回。

后来的分析确认 Segment 51 警告是误报。

当“友谊 7 号”在最后一个轨道上运行到夏威夷上空时，克拉夫特知道他就要用光所有可选项了。因而，他将任何决策推迟到这一点，以便航空地面指挥中心的人员能够收集信息并试图确定到底是怎么回事。

你可以在日常生活中使用真实期权的理念，包括软件项目中。当面对一个决策时，找出有哪些可选项，明确他们何时就不再是可选项，并利用这段时间发现更多信息以便能做出明智决策。等待决策并好好利用这段时间将提高做出正确决策的概率并帮你更为从容地面对不确定因素。

4.4 认知偏见

长久以来，经济学家们基于消费者表现出严格的理性行为这一假设建立了大量理论。过去50年来，由心理学家和行为经济学家，如Daniel Kahneman、Amos Tversky 和 Dan Ariely，所做的研究系统性地推翻了这一假设。在这个过程中，Kahneman、Tversky、Ariely和许多其他学者发现了很多认知偏见——发生在特定情况下判断偏离的模式。

通过谷歌搜索快速计数，我发现了超过100个已知的认知偏见，并且大多数好像每天都会发生。

当从事IT项目时，了解并识别认知偏见是非常重要的。这些偏见会影响利益相关者和交付团队之间的互动，也会影响交付团队和项目发起人针对项目、产品和倡议的决策。

对于认知偏见，我完全可以单独写一本书来讨论。实际上，很多人已经这么做了。如果对这一话题感兴趣，我推荐Daniel Kahneman写的《思考快与慢》（*Thinking, Fast and Slow*）一书，这本书是这一主题的开创性之作，并被其他人大量引用。Dan Ariely的《怪诞行为学》（*Predictably Irrational*）一书是个不错的第二选择。然而这里，我希望聚焦于一些和利益相关者打交道时以及针对倡议做决策时格外重要的认知偏见。我根据它们对不同类型的分析活动的影响进行了分组。

4.4.1 需求获取

影响需求获取活动的认知偏见可以分为利益相关者经历的和业务分析师经历的认知偏见。

1. 影响利益相关者的偏见

利益相关者经历的偏见包括**反应偏差**（response bias）——利益相关者根据他们认为业务分析师希望听到的内容而不是他们真实的想法来回答问题的倾向。如果业务分析师首先提出问题并明示其所期望的答案，这将使反应偏差更加复杂。

利益相关者提供他们认为业务分析师所期望的答案，背后有各种各样的原因。也许他们真的希望帮助业务分析师并展现合作性。也许他们只是希望业务分析师尽快离开。不管出于什么原因，当与群体思维混合后，反应偏差会造成灾难性的后果。

当一组利益相关者都传达了同样的信息时，无论他们真正相信的是什么，群体思维都发生了。一种群体思维是**从众心理**（herd instinct），此时利益相关者采取多数人的意见以便感到安全并避免冲突。当同时和一组利益相关者进行交谈时，从众心理就会特别明显。另一种形式的群体思维是**攀比效应**（bandwagon effect），此时因为很多利益相关者都相信同一事件，不同的利益相关者也声称相信这些事情，即便他们并不真的相信。

最后一种影响利益相关者的认知偏见是**知识的诅咒**（the curse of knowledge）。具有主题知识会降低利益相关者从一个欠明智、更中性的视角（如业务分析师的视角）思考的能力。知识的诅咒会导致利益相关者遗漏“每个人都知道”的关键信息。

有一种好办法，能够降低利益相关者所经历的认知偏见的影响，就是通过观察他们实际所做的来补充他们所说的。要这样做的话，你可以分析利益相关者行为的已有数据，也可以收集他们在特定情况下的行为数据。有时这可能涉及交付一个特定的特性，它会有助于利益相关者与解决方案进行交互的洞察，并用来证实或证伪在规划解决方案时确立的假设。

2. 影响业务分析师的偏见

知识的诅咒也会影响业务分析师，特别是当他是所分析的领域的行业专家时。在这种情况下，领域知识使得业务分析师无法从一个全新的视角看待需要和可能的解决方案。这也能导致**确认偏差**（confirmation bias），这是指业务分析师以确认其先入之见的方式搜寻、解释并记忆信息的倾向。一个变种是**观察者期望效应**（observer-expectancy effect），此时业务分析师期待一个特定的结果，因此潜意识地操作或曲解数据以便得到结果。

业务分析师也可能成为**框架效应**（framing effect）的受害者，这将导致他们在面对由不同展现方式或展现者提供的相同信息时会得出不同的结论。当业务分析师更多地关注职能经理所说的团队如何使用系统而不管团队怎么说时，这一效应是最普遍的。这种情况下，团队通常比老板更了解情况。但因为经理所处的权力位置（也可能处在能更好地支持业务分析师职业发展的位置），屈从于框架效应的业务分析师倾向于更多地倾听经理的意见而不是每天都在使用系统的人的意见。更加关注为IT项目买单的人，即便他们不会每天使用解决方案，而不是更关注实际使用解决方案的人，这种倾向的背后也是框架效应。框架效应偏见也是业务分析师和用户体验（UX）专家之间的实质差异。这两种技能都聚焦于解决要构建什么，但业务分析师通常关注那些为解决方案买单的利益相关者，而UX专家通常更关心那些使用解决方案的人。这两个视角都很重要，因而厚此薄彼是不明智的。这也是为什么具备这两种技能是有好处的——它能帮团队确信他们真的在交付正确的解决方案。

业务分析师在需求获取过程中会经历的最后一种认知偏见是**镜像**（mirror imaging）。当业务分析师假定利益相关者跟他们一样有相同的想法，并因此假定利益相关者与他们一样跟人交互、表达想法并用同样的方式学习新信息。这会引发各种假设从而最终发生错误。这些错误的假设都未被验证直到为时已晚，从而也常常导致确认偏差。

一种克服这些偏见的有效方法是，在任何需求获取会议上都包含更多团队成员而不只是业务分析师。多个团队成员参与，有利于从不同的角度看待问题，使得特定主题获取的信息都来自于单一视角的可能性降低了。我并不是建议每一次团队的某个成员要和利益相关者谈话时，都要拉上一个同伴。但我建议每次开会针对项目和需求进行实质性讨论时具有多个视角。

4.4.2 分析

当你细查获取的信息，试图清楚它要表达的内容时，还有其他偏见可能发挥作用。

锚效应（anchoring effect）或**聚焦效应**（focusing effect）是业务分析师在分析某种情形时把重点放在特定信息的倾向。与此相关的是**生存偏见**（survivorship bias），此时业务分析师更加关注成功通过某一流程的人或事，而忽略那些未能通过的。

可用性启发（availability heuristic）是由于某一事件的记忆最近，从而导致高估该事件的可能性或频率的倾向。可用性启发有几个变种。**观察选择偏见**（observation selection bias）是注意到之前未曾注意的事物，因而错误地以为被注意到的事物的发生频率增加了。当认为近期事件比以前的事情更重要时，就发生了**近因效应**（recency bias）。**频率错觉**（frequency illusion）让你觉得最近刚关注的一个单词、一个名字或一件事，好像突然在不久之后出现的频率增加了。例如，你在一个会议上遇到一个有趣的人，在接下来的会议过程中很可能会相当频繁地遇到这个人从而感到吃惊不已。真实的情况是，你看到这个人的次数与未认识他之前是一样的，只是由于互相介绍后，你更经常地注意到这个人而已。

确认偏差影响着业务分析师解读信息的方式，并促使业务分析师寻找加强先入之见的方式。确认偏差的一个变种是**职业紧张**（déformation professionnelle），随着建立业务分析师“专业性”运动的开展，这变得特别普遍。这种偏见是根据观察者的行业惯例看待事物而忘记了更宽广视角的倾向，这导致业务分析师忽视与职业通常无关但有用的技术和想法。另一种形式的确认偏差是**塞麦尔维斯反射**（Semmelweis reflex），这是拒绝接受与现有常规抵触的新证据的倾向。当业务分析师意识到可以证伪先入之见的某种信息时，可能会因为该信息与先入之见的抵触而故意忽略它，此时这种特定的偏见就发生了。

业务分析师有时候倾向于看到他们不存在的模式。这种类型的认知偏见其中一个是**集群错觉**（clustering illusion）。另一个是**得克萨斯神枪手谬误**（Texas sharpshooter fallacy），此时业务分析师解读彼此没有任何关系的信息是类似的，从而指出有一个模式存在。（这种偏见得名于一则故事，故事中一个男人在谷仓的一侧胡乱开了几枪，接着他就在弹孔穿透的地方画上靶心，以此来表明他的优秀射击技巧。）这里的重点是，你不想基于通过巧合得到的关系紧密的数据片段来推断出一个模式。

针对影响业务分析师的偏见的一种有效的应对方法是明确地扮演魔鬼代言人。当分析获取到的信息时，如果发现你开始识别出所有类型的模式并且各种确认信息都是之前没有注意到的，那就强迫自己停下来并针对所看到的信息考虑其他可能的解释。另一种有助于解决这些认知偏见的技术是**打破模型**（Break the Model）的实践，将在5.2节介绍。

4.4.3　做出决策

正如你所猜测的，在试图做出决策的群体中，会有明显的认知偏见。

一种与群体共识相关的偏见，在多个利益相关者负责决策的IT项目中（即没有明确的决策者）变得非常明显。这种类型的偏见包括虚假共识效应，此时人们高估了其他人认同的程度，也不去费心确认事实的情况。这种特殊的偏见在具有一个清晰的决策者时也会发生，此时决策者错误地以为其他有影响力的利益相关者会同意他所做的决定。

另一种与群体共识相关的认知偏见是**群体归因偏差**（group attribution error），此时利益相关者假定一个群体的决定——例如，指导委员会——反映了该委员会成员的偏好，即便有相左的证据。例如，在群体成员往往以被动—攻击方式工作的情况下，利益相关者可能口头上会说同意，但其身体语言、态度和语调却在传达一个完全不同的观点。

当决定一项提议是否继续时，沉没成本偏差会变得特别明显。最大的沉没成本偏差就是**非理性升级**（irrational escalation），此时决策者基于已经花费的大量投入认为继续进行是合理的并增加投资，而无视那些建议该提议在一开始就不该启动的新证据。非理性升级往往归因于决策者期望不要停下他曾经批准的提议，以免让其显得很愚蠢，即使增加投资对于扭转局势也没有明确希望的情况下依然如此。这就是俗话说的“赔了夫人又折兵”。通常，其他不太昂贵又有希望成功的提议就因为失败的项目而失去了资金。

这种偏见的一个分支是**损失厌恶**（loss aversion），此时决策者宁可避免损失——取消一项提议的常见观点——而不愿资助新提议以获取回报。

抵消这些影响决策的偏见的常见方法是使用流程进行讨论并形成决策。一种简单技术，如举手表决，就是一种衡量共识和对特定决策支持程度的好方法。通过让团队成员表明对特定决策的支持程度和是否达成共识，决策领导者能够确定是否还有人依然担心这一决定，并继续讨论这些令人担心之处。另一种用来抵消沉没成本及相关偏见的技术是，针对继续 IT 项目的机会成本来发起讨论——因为继续该项目，组织无法完成的其他事情是什么。另一种抵消沉没成本偏差的方法是坦诚地讨论该 IT 项目是否能达成预期结果。在某些情况下，团队也需要讨论该结果是否值得项目所需的投入。

4.5 切记

- 提前确定谁会做出某种类型的决策并注意做出决策时采取的方式。
- 当面对一个决策时，首先要问的应该是“我必须在什么时候决定？”
- 当心你和利益相关者的那些认知偏见，采取行动以减少这些偏见在需求获取、分析和做出决策过程中的影响。

第5章 交付价值

5.1 简介

有一个指导原则需要额外讨论一下，这就是交付价值原则。考虑到在解释敏捷思维模式下交付价值的理念时要费很多口舌，因此在这里解释一下该原则的更多细节看上去是合适的。本章将讨论与交付价值相关的几个核心概念，包括特性注入、最小可行产品和最小可市场化特性。

5.2 特性注入

特性注入一词是由 Chris Matts 创造的，是分析的另一种方法。这种方法来自于从一个系统中拉取业务价值的想法，我们注入代表团队工作（产出）的**特性**（feature）以创造价值（结果）。特性注入的关键是理解项目期望交付的价值，交付能够提供价值的特性，同时主要通过实例来沟通与特性有关的信息。

可能这个想法最大的困惑来自于为什么它被称为特性注入。关于这一困惑我决定直接找到源头，跟 Chris 通过电子邮件进行对话（2015 年 4 月 14 日）。下面是他的解释：

> “当我们从系统中拉取业务价值时，我们注入产生价值的特性”是我对[特性注入]最原始的想法，并且它仍然是这一过程的准确描述。特性注入由于和依赖注入的某种模糊的相似性，同时因为依赖注入这个名字被创造出来时我正在 ThoughtWorks，于是就沿用了这一名字。
>
> 使用这个名字的原因之一是摒弃精益软件开发的原理之一“拉动”。我参加了太多的交谈，而讨论总是周而复始，直到有人说“这是一个拉动系

> 统”，然后每个人都会明智地点头，好像这就是所需要的全部。拉动对于生产的工件是合适的，但拉动因为请求项[特性]也会发生。这些请求本身是被推入，或者说是注入（推入的更准确说法）系统中的。[Chris 将其描述为信息到达的概念。]
>
> 最大的问题是信息流动的方向与价值流动的方向相反，即，精益中的“拉动”并不普遍。这是一种对套利的诗意表达方式。你把信息给出去[特性就代表对某种产出的请求]，从而得到价值作为回报。
>
> 我仍然在使用 2009 年的漫画作为隐喻[2009 敏捷大会上发表的真实期权的信息在 http://www.lulu.com/us/en/shop/chris-matts/real-options-at-agile-2009/ebook/product-17416200.html 可以找到]。站在一家丰田工厂的出口，这里是空闲的、空的，而且工人们都在等着。然后一辆车的订单请求来了。你将看到零件从入口被拉动到出口。如果仔细观察，将看到看板卡的流动和价值流相反。

特性注入提供了本书其余部分的理论基础，因而值得花点时间解释它到底是什么意思。

为了更好地解释特性注入，我们来说明 3 个关键的想法：

- 识别价值；
- 注入特性；
- 提供实例。

5.2.1 识别价值

特性注入一开始要理解项目试图交付的业务价值。这一价值通过一个模型的形式表示，以便团队能够在项目进行过程中不断地测试价值交付的进展。

业务价值（business value）是一个模糊的提法，在敏捷圈子里经常听到，因为这些方法特别强调交付业务价值作为最终结果。但没有明确定义业务价值究竟意味着什么。而有两个特别的定义对我影响很大。第一个定义来自 Chris Matts：一个项目在和组织战略对齐的情况下，增加或保护收入或降低成本就是在交付业务价值。另一个我喜欢的定义是 IRACIS 缩写：增加收入（Increase Revenue）、避免支出（Avoid Cost）和提高服务（Improve Service）。这两个定义都关注相同的概念，但我发现它们无法覆盖所有的组织，特别是非营利组织或政府组织，通常它们不以利润衡量成功与否，而是通过服务它们的使命、它们的成员或它们的选民来衡量。Steve Denning 甚至认为价值不该关注利润或股东，而应该取悦客户。

有了所有这些价值的可能定义，我希望找到一种通用的方式描述业务价值以适用于所有类型的组织。我最终总结出这样的描述：IT 项目的业务价值可以通过其是否帮助组织达成一个或多个目的来衡量。基于我们前面对于目的的定义，这是由项目对一个或多个目标的影响来衡量的。

组织目标可以是明确的财务目标。例如，一个新产品应该（理想情况下）增加收入，一个解决监管问题的项目能节省成本（如节省人力）。然而，通常在 IT 项目的结果和直接的财务影响之间并没有容易获得的关联。在这些情况下，目标可以通过项目能影响的事物进行衡量，从而与财务指标或指标集间接相关。这就是 3.4 节介绍的先见性指标。

举例来说，一家金融服务公司努力为外部销售人员改变其 Web 网站。该公司与其他公司竞争，出售同一类型的金融产品，因此必须找到方法，以保持独立销售队伍的领先意识，从而建立并保持其相对的市场地位。虽然更改网站确实对收入或成本没有直接可衡量的影响（网站主要提供公司产品的相关信息），然而中间目标——例如衡量网站的满意度和网站的访问数及访问步长——可以提高品牌知名度并最终产生增加或保护收入的效果。

知道了如何在项目的情境定义业务价值，接下来就需要弄清楚如何用业务价值模型，而不仅仅是用静态的数字来描述这些目标。业务价值模型描述了项目在选定目标的影响，从而能够基于项目进行过程中得到的新信息重新评估你的期望。通过这种方式描述业务价值，就有办法在项目进行过程中评估项目，从而确定其是否能达成期望的结果。这也意味着，如果项目无法完成所期望的目标，你能立刻采取行动，而不至于在整个项目结束后才发现没能实现目标。

这里有一些例子可以说明它是如何工作的。

在过去的几年里，我已经组织了几次不同的会议，主要是围绕敏捷或业务分析的会议。这些会议往往是负责主办的非营利组织的主要收入来源，所以每个会议的一个主要目标就是产生一定数量的资金，以资助非营利组织的其余活动。当然还有其他的目标，但产生收入是我所策划会议的非营利组织的业务价值的最佳体现。

为了帮助评估决策对收入目标的影响，我使用一个预算表格，这能让我看到这些影响。例如，有多少议题，提供给演讲者什么样的福利，是否每天都提供午餐，以及其他影响会议成功的因素。当我考虑在会议的某些方面做出变化时，我可以调整预算表格中的一些信息，从而看到对预期收入的影响。我也能测试跟参会者和赞助商预期数量有关的假设，从而看到这些假设对整体收入的影响。将规划阶段直到会议召开的整个过程各个点的信息建模，使我可以确定规划委员会是否需要为会议进行更多营销活动，或寻找更多演讲者。这个预算表格就是业务价值模型。

Chris Matts 和 Andy Pols 在 2004 年的一篇论文中针对业务价值模型建议了另一种形式（http://agileconsortium.pbworks.com/f/Cutter+Business+Value+Article.pdf）：

> 这个项目将增加 1500 万美元的利润，该模型基于以下假设。
>
> （1）我们实现现有产品 XYZ20%的销售（每年 1 亿美元）。
>
> （2）设计和生产产品的总成本是 500 万美元。
>
> （3）我们的产品是第一个进入市场的产品。
>
> （4）我们在圣诞节前两个月就能够发布产品。

为了使用模型而不只是一个数字描述业务价值，这个例子中既描述了目标，也解释了目标背后的假设。它还提供了一种方法来测试如果背后的假设变化将会发生什么。

Pascal Van Cauwenberghe 针对业务价值和业务价值建模提供了另一种观点。他提出的模型扩展了旁观者眼中的业务价值这一想法（http://blog.nayima.be/2010/01/02/what-is-business-value-then/）：

- 识别利益相关者；
- 识别他们的需要和目的；
- 针对我们如何衡量/测试需要和目的的实现情况达成一致；
- 选择（少数）最重要的衡量指标和测试集合作为“价值驱动”；
- 定义价值驱动之间的关系；
- 从始至终使用价值驱动来聚焦并确定我们工作的轻重缓急。

他继续说道：“重要的是定义价值驱动之间的关系。例如，我们可能有‘利润’和‘客户满意度’的价值驱动。哪一个优先呢？如果我们找到一种方法增加利润但牺牲客户满意度，这可以接受吗？这里没有绝对的答案，而是取决于公司、项目和环境。”

5.2.2 注入特性

一旦理解了想要传递的价值，就创造了这个价值的模型，它允许你测试不同假设对它的影响，你可以用这些信息来指导下一步做什么。你想要选择产出（即特性所要求的形式）以便能够取得满足特定目标的进展，或有助于验证业务价值模型的假设。你把重点优先放在哪个方面，将取决于项目所处的阶段。在开始时，你很可能花更多时间验证假设（你也可以理解为降低不确定性），随后就通过交付已知的特性来交付所寻求的价值。

这里的关键点是首先确定价值，然后迭代地识别交付价值所需的特性。不要头脑风暴一份可能变更的长长列表，然后试图搞清楚每个特性所能贡献的业务价值。在用户故事粒度衡量价值非常困难，这也会产生浪费。经常是团队花费时间过度分析用户故事所关联的**价值点**（value point），而他们其实可以通过其他方式很容易地做出优先级决定，而这正是价值点所期望解决的问题。通过从价值到特性的方式而不是相反方向，将使你在任何时间点只有很少的项目需要管理，而且也可以避免试图给任何特定变化赋予价值的棘手问题。

注入特性可以采取几种不同的方式。如果试图取得一个具体的业务目标并可以自由选择达成目标的方式，有一个影响地图的技术（参见第 14 章）能够有助于识别可能的选项并确定优先尝试哪一个。

你并非总能有一个清晰的目标及可以实现它的选项。在某些情况下，实现目标的方法是预先确定的，至少在相对较高的层级是预先确定的。当改变一个现有流程或系统，抑或替换一个过时的流程或系统时，就是这样的情况。组织具备特定的能力，而你可以在实现顺序上具有一些自由。在这个情况下，一份交付物的清单——即应用影响地图时的真正选项——成为整个解决方案的一部分。迭代地实现特性依然非常有帮助，因为这为团队提供了一种方法来删除多余的功能。故事地图（参见第 14 章）在这里是一种有用的技术，因为你能够在相对抽象层次上确定需要发生的关键活动，但对于每个关键特性要产生的特定功能又具有很大的选择性。团队将衡量既定的业务目的和目标定义为范围，而不是用一份交付物的清单作为范围。这将使你可以不注入那些并不真正需要的特性，以便不受限制地删除它们。

这一方法我们用在了会议投稿系统中（参见第 7 章）。这件事的核心是我们试图支持敏捷会议的投稿流程。我们没有各种不同行为的各种选择，我们选择了将会使用的一套流程，需要支持这套流程。我们发现故事地图有助于将工作组织起来，因为它能帮助我们对投稿系统需要做和不需要做的事情做出清晰的决策。

所以你可能有几个不同的潜在独立选项，或者有很多相关特性，大部分特性要包含进来。在任一情况下，一旦选择注入一个特性，首先用产出的某种形式来代表该特性，接着，向后追溯以理解需要做什么来交付这一产出。

想象一下你正在和一个决定引入新工资系统的公司一起工作。这一新系统有各种产出，包括工资和报告。基于你的视角，不同的产出产生价值。如果你是雇员，工资系统产生的支票对你提供了价值。如果你是人力资源经理，你可以查看工资系统产生的报表以保护收入。它们提供的信息帮助你采取行动减少风险，例如支付结构中基于不恰当因素造成的差异，如年龄、种族或性别因素。

然后你要确定谁是利益相关者以及他们期望系统的产出是什么。从利益相关者开始是有帮助的，这能避免产生他们并不需要的产出。你可以通过询问“如果这个工资系统不存在谁会关心？”来确定关键利益相关者。表 5-1 显示了你可能想出的一份列表。

表 5-1 工资系统的利益相关者和他们的期望

利益相关者	期望
员工	如果工资系统不存在，他们可能无法得到报酬。可能不会得不到报酬，但肯定是一个比较复杂的流程才能完成。从员工的角度来看，工资系统增加了价值因为它会产生支票。当员工得到报酬，他们继续工作，所以这个价值是通过确保员工满意来保护收入，从而钱能持续赚进来。（是的，我知道这是一种延伸，但看起来这是最合适的说法。）
薪资管理部门	假设该组织即使没有工资系统仍会给员工支付工资，系统的缺乏会使这个过程效率低下，更容易产生错误。因此建立一个工资系统可以降低成本。在某种程度上，它可以通过减少错误支付的风险以保护收入
员工关系经理	即使你可以在没有工资系统时支付员工薪水，缺少系统的数据使得分析工资信息非常复杂，这间接导致组织的风险增加，类似于前面条目的描述

基于对利益相关者的理解，你能识别产出以交付他们期望的价值。模型可以在这里发挥作用。有些模型可以表示信息展示或利益相关者查找的报告，从而能回答问题或做出决策。

在佣金系统的案例中，产出是一些更具体的东西，如工资，或启动某一流程从而产生某种东西以交付给客户。

一旦理解了产出，你就能向后回溯以找出哪些流程是产生这些产出所必要的（包括流程中起作用的规则）和流程为生成这些产出所需要的输入。你在开发的反方向上展开有效分析，其中开发的方向往往首先带来的是系统的输入，接着建立流程，并最终创建产出。换句话说，因为你通过产出从系统中拉动价值，你在系统的开始处留下了一个洞，而这正是特性注入的地方。

5.2.3 提供实例

我们通常使用模型来描述产出、流程和用于创建它们的输入。这些模型有助于在交付特性的每个人之间建立共识，但这还不够。George E. P. Box 曾说过：“所有模型都是错的，但有一些是有用的。”有一种方法能让模型的整体认识更加清晰，就是添加实例。实例提供双重用途。首先，它们在每个特定场景下提供具体指导，此时人们往往会问“是的，但这种情况怎么样呢？”第二，实例给团队一种测试模型的方法，确保他们考虑到可能发生的各种情形，并针对特性应该干什么建立共识。实例也描述需求，并给团队测试一个有利的开端，这能帮助判断特性何时成功交付。根据轶事的证据以及和开发人员的对话，实例往往比其他手段提供需求的一个更加有用的描述。如果在一组实例和一组文本需求之间进行选择，跟我共事过的开发人员几乎总是参考实例。

在 Matts 称为“打破模型”的方法中，团队建立了一个模型，他们认为这能恰当地描述他们所在的领域，并用这个模型生成期望的产出。然后列举实例以确定当前存在的模型是否支持这一情形。如果支持，非常好，我们将实例作为一种便捷的方式来描述系统的预期行为。如果模型不支持这个实例，并且这个实例实际上是相关的（意味着实例实际上很可能发生，并且这是我们感兴趣要解决的情形），我们考虑用这一实例来修改模型以表达对业务领域的新理解。接着我们将相关的实例和模型作为需要构建什么具体特性的一个描述，提供给团队其他成员。这里要注意的一点是 Gojko Adzic 在他的《实例化需求》(*Specification by Example*）一书中介绍的关键实例模式。这个想法是把重点放在关键实例上，避免没有展示新东西的实例。不要把没有增加新信息的实例保存在已有的实例集合中。

当构建投稿系统时，我们通过实例描述所有的特性。这些实例被用作自动验收测试的基础，同时我还用它们作为什么考虑和什么未考虑的参考。例如，现任会议主席最近提出一个问题，针对投稿系统是“开启”还是“关闭”，他能控制什么。我就能进入源代码库找到相关的示例（如下所示）。这些示例表明会议主席可以控制人们何时能提交新的议题提议，编辑他们的议题提议，或修改被接受的议题提议。

```
Feature: Edit conference dates
  As a conference chair
  I want to change session submission deadlines

  Background:
    Given I am logged in as "Connie"
    Then session submissions should be open
    And session edits should be open
    And accepted session edits should be open


  Scenario: Update Open Date
    When I change the session submission start date to 1 day from now
    Then session submissions should be closed


  Scenario: Update Close Date
```

```
    When I change the session submission end date to 1 day before now
    Then session submissions should be closed

  Scenario: Update Edit Date
    When I change the session submission edit date to 1 day before now
    Then session edits should be closed

  Scenario: Update Accepted Session Edits Start Date
    When I change the accepted submission edit start date to 1 day from now
    Then accepted session edits should be closed

  Scenario: Update Accepted Session Edits End Date
    When I change the accepted submission edit end date to 1 day before now
    Then accepted session edits should be closed
```

围绕特性注入的思考过程对我如何在所有项目上进行分析产生了巨大影响，虽然我很少跟我共事的团队提及这个名字，但我经常介绍这一想法。很多人跟我谈论后都会说“是的，这很有道理，为什么我们之前没有这么做呢？”或者“是的，我们是这么做的，但有一些调整。”从期望交付的价值开始，使用价值确定接下来要构建的特性，并通过现实生活的实例描述特性，这被证明是一个简单有效的方法，它能构建正确的事物而且避免构建不正确的事物。

5.3 最小可行产品

Eric Ries 在《精益创业》一书中介绍了最小可行产品的概念。这是他提供的最直接的描述（见精益创业第 6 章）：

> 最小可行产品（MVP）有助于创业者尽早开启学习认知的流程。它并不一定是想象中的最小产品，它使用最快的方式以最少的精力完成创建—评估—学习反馈循环。
>
> 传统的产品开发通常要耗费很长的筹划时间，反复推敲，尽量把产品做到完美。与之相反，最小可行产品的目的则是开启学习认知的流程，而不是结束这个流程。与原型或概念测试不同的是，最小可行产品并非用于回答产品设计或技术方面的问题，而是以验证基本的商业假设为目标。

Ries 定义的 MVP 主要目的是学习客户认为什么有价值，而不是交付价值给客户。另外，学习过程在回答产品设计和技术问题的同时，也试图找出业务问题的答案，而且在早期阶段，最有可能集中在业务问题上。

团队在交付过程中可以将 MVP 这一技术用于发现活动。MVP 技术是创建—评估—学习反馈循环中的关键组件，因为它是团队构建的用来收集反馈并从中学习的东西。

以上说明都针对创业的情境。那么 MVP 概念能对 IT 项目带来什么价值呢？首先，MVP 能用来测试解决方案。我们可能发现，从利益相关者那里能获得关于他们认为他们的需要的很多信息，并且我们甚至能从各种渠道获取一些数据，这能告诉我们利益相关者的行为如何。但最终我们会发现，最有效的方式是看我们的解决方案是否真的能够满足利益相关者的需要，即构建它，测试它，然后看看会发生什么。

甚至在 IT 项目的情境中，MVP 的想法意味着迭代的目的要么是学习，要么是赚钱。最初，团队尝试着通过做事情来验证假设，解决风险或朝着预期的结果取得进展，以便学习问题和解决方案。团队生成某些产出，虽然不是一个完整的解决方案，但为了验证假设的目的能够提供信息。实际上，你会说："我们认为这样做有用，但直到我们尝试之后才会知道，所以让我们一起来看看会发生什么吧。"

团队能在迭代结束时提供一些东西给利益相关者，获取反馈，并对它是否有用得到一个明确的结论。这种方式的好处是你可以尽快获得反馈，因为你不必构建一个概念上完整的解决方案，只要能基于它获得反馈就够了。当迭代的目的是学习时，在脑子里有一个试图回答的具体问题是非常重要的。这可以陈述为迭代目标，以便整个团队都清楚。

在迭代环境中 MVP 有利于反馈，是什么样子呢？最近我跟一个团队合作，为一个交易证券的组织建设新的分析能力。该团队正在努力将一个新的数据源整合到现有的数据仓库，而他们要做的第一件事就是验证他们可以成功地将数据从新的数据源合并到现有的数据源。他们选择了一个数据视图，该数据代表证券的一个简单列表，但包含多个来源的属性。他们并未创建一个新报告或在所有架构层上移动数据，而是选择将新的数据源关联到现有的数据并使用 Excel 生成查询。他们能够在最终报告中显示期望看到的数据，而无需花费大量时间来设计报告或构建必要的基础设施以便从长远来看自动整合数据。他们必须确定他们是否能够正确地将数据从不同的来源组合起来。通过这种方式，让他们立即识别出他们有一些逻辑需要修正，同时他们用几周就可以把它们找出来。如果他们采用传统方式构建一个数据仓库，他们要几个月之后才能发现这些问题，因为他们不能将发生问题的地方隔离开来。此外，他们能够从利益相关者那里快速获得哪些属性是真正需要的以及如何匹配来自不同系统的数据的具体规则等有用反馈。

另一方面，团队可能会发现要真正知道 MVP 有用的唯一方法是让利益相关者在实际的日常业务中使用。在这种情况下，MVP 可能代表一个更加完整的变化而不是在迭代结束时演示的版本。

在前面分析的例子中，这种类型的 MVP 是团队向利益相关者发布的成熟的报告。在这里，他们试图找出报告界面是否对利益相关者有用以及报告的组织形式是否合理。这份报告仍然是有用的，但是当多份报告可用时才产生真正价值。然而，通过先交付这份报告，团队学习了大量有关利益相关者的需要，并且利益相关者对他们的需要和报告能力有了更好的理解。

无论哪种方式，理解 MVP 的想法，团队就不会被迫在前面定义太多信息，并且鼓励他们将交付作为一种方法验证假设和检验猜想。

MVP 概念的另一个重要方面是隐含地关注速度。你使用最小可行产品（或资产的变更），是因为这意味着你能更快地完成，更快地将它放到利益相关者面前，并且更快地获得反馈。所有这一切都意味着你不会浪费时间走向一条毫无结果的道路，而且如果你真的到了那步田地，也不会在死胡同里浪费那么多时间。

5.4　最小可市场化特性

最小可市场化特性（minimum marketable feature，MMF）是一个和 MVP 类似的概念，它比 MVP 的想法出现早几年。二者虽然类似，但也有一些显著差异。

鉴于我们专注于交付价值，我们可能发现将我们的工作基于能提供价值的多少来组织是有用的。2004 年，Mark Denne 和 Dr. Jane Cleland-Huang 提出一种称为最小可市场化特性（MMF）的方法：

- 最小——最小可能的特性集合，对用户提供显著的价值；
- 可市场化——为客户提供重要价值；
- 特性——用户可以观察到的东西。

他们理想的 MMF 是一个小的独立的特性，能够快速开发并对用户提供显著的价值。Denne 和 Cleland-Huang 在软件产品（再一次提醒，关注于外部）的情境中定义 MMF，其中可市场化是有意义的。因为我这里主要关注内部工作，我们的 MMF 定义需要轻微调整。这种情况下，“可市场化”的意思是“为利益相关者提供显著价值”，其中价值是衡量一个具体目标的进展情况。我们也想把要做的工作组合成针对利益相关者的 MMF 序列，但我们不一定使用 Denne 和 Cleland-Huang 建议的严格分析方法。当我后面讨论特性和用户故事时，我期望特性具有 MMF 的特征。我没有这样给它们打上标签是因为我不是在构建用于销售的产品情境中进行讨论。

从Denne和Cleland-Huang的信息中得到的另一个好消息是MMF是版本发布的最好规划单元。因为这是我们向利益相关者发布时使用的概念，我们希望所发布的是一个概念上完整的产品，但我们可能在不同的迭代构建这些特性的部分，并将这些特性交付给客户以获取反馈。特性是发布的主要规划单元，而用户故事是迭代的主要规划单元。

情境是MMF和MVP之间的最后一个重要区别。MMF成长于成熟的组织中，这些组织要么建造大型产品要么维护已有的产品。在本书中，我将MMF扩展到IT项目中。同时MVP是在开始一个新业务的情境中提出并使用的。虽然很多人（包括我本人）想要把精益创业的想法应用于成熟企业——而且确实有些地方是有用的——但往往是对这些想法背后的基本原则的理解远比直接应用这些理念更重要。因此当决定何时使用MMF或MVP时，需要考虑情境并明智选择。

有些人容易将最小可市场化特性和最小可行产品弄混，是因为他们在名字里都有“最小”一词。MMF是能对利益相关者提供显著价值的最小功能集，而MVP是能让团队以最少精力尽快完成创建－评估－学习循环的产品版本。换句话说，MMF无疑是向利益相关者交付价值，而MVP是关于从最终产品进行学习的。MVP的范围包含从没有一个MMF，到有一个MMF，直到有多个MMF。他们不是同样的概念，但都强化了我们应当追寻的理念，用Alistair Cockburn的话说，就是“刚好够用的”功能。

这两个概念也经常被错误地解读为“没用的东西”。当然不是这样的！任何发布的功能都应该有用，应该得到组织的支持，应该是你愿意自豪地把名字写在上面的东西。这只是有限的功能，专注于你期望达成的核心，要么能满足一个特定的需要（MMF）要么能学习更多关于如何能满足一个特定的需要（MVP）。请记住，这就是它们的名字叫最小可市场化特性和最小可行产品的原因。

5.5 切记

- 有效的分析始于结果并向后追溯到产出、流程和输入。
- 最小可行产品用于获取信息。
- 最小可市场化特性用于捕获价值。

第 6 章

敏捷思维模式下的分析

6.1 简介

第 1 章到第 5 章介绍了一些敏捷思维模式下的分析活动背后的重要概念。本章的目的是介绍一个典型的分析方法，这一方法可以用在具有敏捷思维模式的团队负责的 IT 项目上。它为第 7 章到第 10 章讲述的案例研究提供了一个框架，也为第 11 章到第 15 章介绍的技术提供了情境。这一分析方法有 4 步，如图 6-1 所示。

- 需要是什么？
- 可能的解决方案是什么？
- 我们接下来该做什么？
- 这部分的细节是什么？

这些步骤不一定按照顺序快速地发生。随着你对项目有了更深入的理解，通常你会一遍又一遍地重新回到某些步骤。

将这个方法分为几个步骤的一个重要原因是提醒团队定期评估项目，并确定下一步要做什么。每一步结束后你都应该问一问根据当前的展望是否应该继续这一项目，还是改变项目的方向，抑或是停止项目。这就是 Johanna Rothman 在《Manage Your Project Portfolio》一书中介绍的针对项目组合的“承诺、变更或者停止”的问题。

为了引入这种方法，团队需要确保每个人都理解利益相关者（使用第 11 章介绍的技术）和他们工作所处的情境（使用第 12 章介绍的技术）。你可能并不需要为每个项目都深入分析所有这些方面，只需要确认当前的理解依然适用即可。

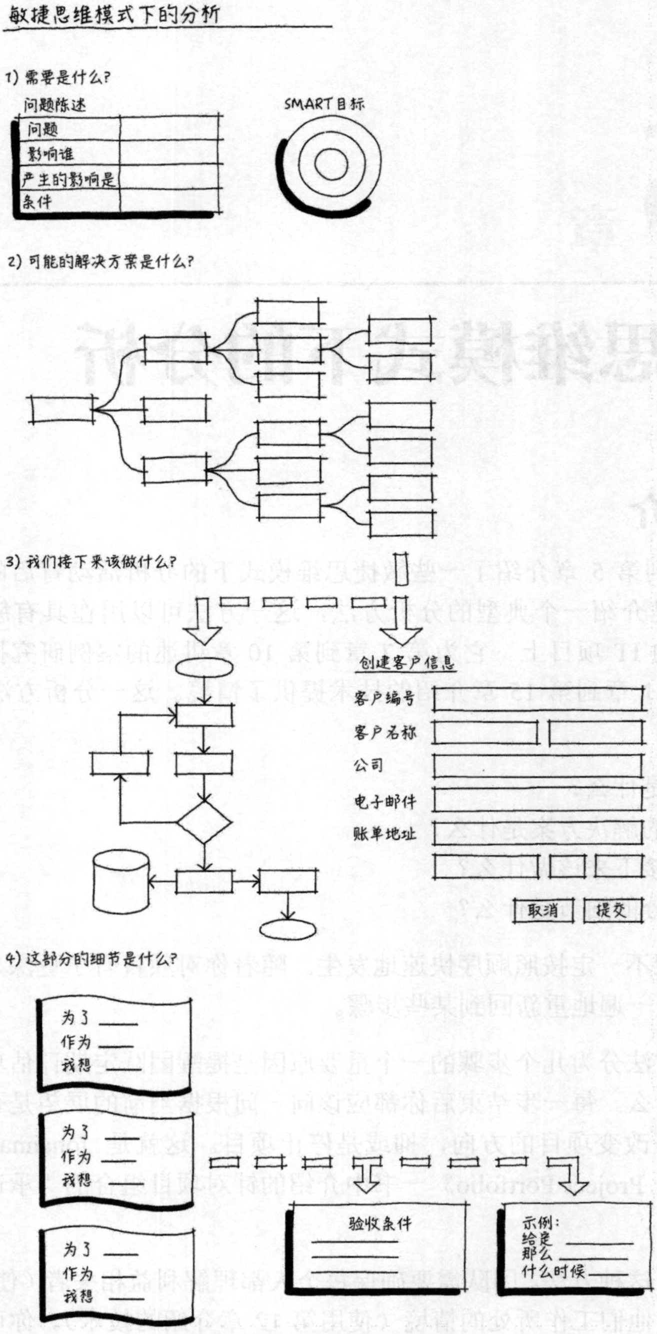

图 6-1　敏捷思维模式下的分析

让我们仔细看一下这个方法在实际操作中是如何使用的，什么技术在这里有用，以及每一步需要进行什么样的评估。

6.2 需要是什么

在这一步，团队试图理解利益相关者以及他们的需要，并且确定哪些需要值得满足。换句话说，你想要解决什么问题，或者想要利用什么机会？这一评估有两个方面：一方面陈述需要，另一方面要确保每个人对预期结果达成共识。

团队可以用来识别需要并建立共识的技术，包括问题陈述和项目机会评估（参见第 13 章）。这些技术的真正价值在于创建它们的方式。当以合作方式完成时，它们不但描述了需求，而且在引导的整个过程也建立了共识。

目的和目标的澄清在这一点上也非常有帮助，这有助于团队回答“我们知道成功是什么样子以及如何衡量是否成功吗？”这样的问题。另外，决策过滤器（参见第 13 章）让团队保持在正确轨道上，并将精力投入到战略方向上或目标本身。

这些技术最好是在工作刚刚起步时应用，但是当新成员加入时或团队感到条件的变化可能导致需要本身改变时，再次使用这些技术也是不错的主意。

在这一步，团队回答问题“这个需要值得满足吗？”也许更好的表述是“这个需要是个大生意吗？无论我们要花费多少时间和金钱来满足都在所不惜？”如果是，继续向前；否则的话，就在这里停止。

6.3 可能的解决方案是什么

假定一个给定的需要仅有一个解决方案，那这绝对不是一个好主意。针对需要识别多个可能的解决方案是很重要的，同时要注意这些选项之间的差异，并且对识别和评估选项的方式具有深入理解也是很有用的。如果你发现有一个需要未被满足，并且定义了目标以便知道这个需要什么时候被满足，但在头脑中却没有一个具体的解决方案的话，那么你就有很大的灵活性。影响地图（参见第 14 章）可以帮你识别有哪些解决方案以及各项工作的前后顺序。尤其是当解决方案依赖于改变利益相关者的行为时，更是如此。

在其他情况下，你知道通常的解决方案，但你可以采取不同的方式到达那里。这些情形更多关乎实现的决策：构建还是购买，或者购买哪些软件包，诸如此类的问题。如果一个工作的实现方式具有不确定性的话，那么可能在更大的组织范围内已经完成了一个类似影响地图的分析，因而确定这项工作的目标是非常重要的，有利于解决更大的战略目标。于是可以看到，要么识别一个可能的解决方案，然后决定所期望的实现方式，要么只专注于实现。

故事地图（参见第 14 章）也有助于为需要完成的事情及何时要完成提供一些情境。同时故事地图也为下一步分析提供了一个良好的起点。

当团队想找到可能的解决方案时，或者想进一步探索一个解决方案时，你很有可能会使用协同建模（参见第 14 章）获得更好的理解。在这一点常用的模型包括环境图、过程流、业务领域模型、线框图和故事板。

在这一步中，团队可以识别出特性作为大的必要变更的占位符，以实现最终的解决方案。

团队将会针对每个潜在解决方案提问"这个需要值得用这个解决方案来满足吗？"，从而把不合理的解决方案扔到一旁。

6.4　我们接下来该做什么

这一步是让团队决定向利益相关者交付哪个解决方案或解决方案的哪个部分，可以参考已有模型或创建新模型来描述解决方案的细节。团队可以使用当前状态模型和未来状态模型来确定必要的变更，同时将已确定的特性拆分为更细粒度的用户故事以便于规划。

团队通常在发布计划时做这些事，即在发布计划中团队聚焦于下一次交付需要完成的工作。可以使用决策过滤器确定哪些用户故事应该包含在发布待办列表中。团队要定期检查这一待办列表，一旦对需要的理解改变，或者解决方案能够满足需要的理解发生了改变，就可以及时地纳入待办列表中。

在这一步中，团队对最终选定的解决方案和其他解决方案进行比较，并特别关注成本效益。同时还评估了选定的解决方案是否能满足项目目标。

6.5　这部分的细节是什么（即开始讲故事）

一旦团队选择了解决方案将要交付的下一个部分，就开始工作以便进一步理解和描述解决方案。用户故事通常用模型、实例和验收条件（参见第 14 章）进行解释。每个用户故事的特点和团队就绪的定义（参见第 15 章）决定了团队使用每个技术的广泛程度。当完成了用户故事之后，模型、实例和验收条件应该反映团队为了交付而达成一致的所有信息，这在就绪的定义中进行了详细描述。可以使用发现看板（参见第 15 章）跟踪就绪的定义的进展，以便团队能知道下一个要做的工作是什么。

一旦一项工作纳入一个迭代，交付的进展就可以通过交付看板（参见第 15 章）进行跟踪。发现看板和交付看板都是可视化看板（或信息辐射器）的实例。特别是交付看板是用来跟踪每项工作从就绪的定义到完成的定义（参见第 15 章）的进展，并最终发布给利益相关者。完成的定义可能包含更新系统文档，以提供资产当前状态的参考，从而支持在资产上开展的下一项工作。

在这一点做的评估包括“用户故事就绪了吗？”“用户故事完成了吗？”“我们应该部署吗？”以及其他类似的问题。

6.6 切记

敏捷思维模式下的分析让团队逐步深入到解决方案的细节，充分利用早期产出的交付物进行学习。这种迭代的分析方法也为团队提供了定期的机会以决定是否承诺投入、变更或停止项目。

第二部分　案例研究

第7章 案例研究：会议投稿系统

7.1 简介

敏捷联盟是一个非营利性组织，与全球会员一道致力于推进敏捷开发原则和实践。该组织的一个主要项目是一年一度的北美会议（例如，Agile2013 是在 2013 年举行的会议）。为了给为期一周的会议找到足够的会议内容，敏捷联盟通过一个开放的话题提交流程，让任何人都可以提交一个演讲想法。然后委员会的志愿者们会评审这些提议并提供反馈，同时从中选择 240 个议题作为本年度会议的内容。为了便于这一流程的执行，敏捷联盟使用会议投稿系统支持提交者提交议题提议，同时项目团队可以进行评审并管理议题选择的整个过程。

我从 2010 年秋季在准备 Agile2011 大会时就是会议投稿系统的产品负责人。在最初的两年，我主要负责维护并定期更新现有的投稿系统，而这一系统是在 2008 年建造的。这里要讲的是为 Agile2013 大会建造投稿系统并对其进行维护以用于 Agile2014 大会的故事。

7.2 需要

2012 年秋天，敏捷联盟执行负责人和我都意识到我们必须替换掉现有的投稿系统，因为它是基于 Drupal 内容管理系统的一个过时版本，该版本不再受到支持。每年我们都会根据上一年会议的经验对这一投稿流程进行修改。而现在这些修改变得越来越困难，因为这个过时的框架混合了大量定制代码，而这些代码都是过去 4 年一步一步增加上去的。实际上，投稿系统是由很多遗留系统组成的比较容易使用的版本，而这些遗留系统其实大多数组织都或多或少会碰到。我们还发现最初建造并一直维护投稿系统的团队不再提供支持服务了，而这成为压垮骆驼的最后一根稻草。

简单地说，我们的目标是为敏捷大会的投稿流程提供持续的支持。我们发现要对想要完成的事情形成共识，最好方式是使用决策过滤器“这会帮助我们运行一个基于社区的投稿流程吗？”

7.3　可能的解决方案

当我们意识到将要失去对现有系统的支持时，我们就开始盘点可能的选项。最终我们将可选项缩小到如下范围：

- 更新我们使用的 Drupal 版本并完成投稿系统相应的修改；
- 采购一个解决方案，从头来过；
- 基于一个定制的解决方案，从头来过。

更新我们安装的 Drupal 版本最终被证明不是一个可行的选项，因为我们跟每一个具有 Drupal 经验的开发人员讨论之后都得到相同的结论，基于我们当时安装的 Drupal 版本，我们几乎都要重建整个投稿系统。

我们也调研了是否有任何现存的系统能用，但我们发现投稿流程过于独特以至于没有已打好包的解决方案为我们提供需要的基于社区的功能。对于敏捷联盟来说，保持基于社区和富反馈的投稿流程非常重要，因为这与组织的价值观息息相关。投稿流程是组织的差异化活动（参见 12.2 节），而这表明创造力和创新性（开发定制的系统）是必要的。

从而就只剩下从头开始重建整个投稿系统这个选项。Brandon Carlson 和 Darrin Holst 利用精益技术开发了投稿系统。Brandon 具有投稿流程的经验，他之前既做过议题提交人，也参与过开发团队的工作。Darrin 是一个资深的开发人员，对 Ruby on Rails 和验收测试驱动开发（ATDD）具有丰富经验。

7.4　价值交付

Brandon 和我聚在一起，对我们要构建的内容形成了一份概述。我们参考现有系统确定我们需要哪些功能。这个讨论从我确定的一堆特性开始——我把这些特性都写在索引卡片上。Brandon 和我在一个会议上相约一起吃午餐。我们把卡片摊在桌子上并开始对它们进行分组。Brandon 提议使用故事地图来组织这些特性，于是我们就用 Google Docs 创建了一个故事地图。在故事地图的最上面一行，我们确定了关键的用户角色：

- 会议主席；
- 专题主席；

- 专题评审人；
- 提交人；
- 参会人。

然后我们识别出每个角色需要使用投稿系统完成的关键活动。

接着，我们开始讨论所需要做的每一个活动的细节，还有就是，我们什么时候能够交付这些功能。我们有两大约束：开发系统可用的预算，这是基于Brandon最初的猜测给出的；还有时间期限，其中有一到两周的思考时间。我们必须确保在2012年12月初就能接收议题并能让人们进行评审。于是我们在2012年10月开了第一次会议。

时间约束是最紧张的，所以当我们讨论什么特性会包含在第一个发布版本时，Brandon总是问："你真的现在就需要这个特性吗？"有几次，当我回答"是"的时候，Brandon接下来就会问"为什么？"或者"它比那个特性更重要吗？"时刻提醒我们时间限制和在这个时间点所需要的刚好够用的功能，帮助我决定什么是真正必要的功能。故事地图也有助于将卡片在我们面前展示，以便我们能基于谈话的内容，真实地将一个卡片"移入"或"移出"。故事地图也有助于确保不会有所遗漏，因为它比仅仅一个列表能提供更多情境和结构。

我们最终得到了一个如图7-1所示的故事地图。

注意在故事地图中我们没有使用"作为……我想要……以便于……"这一用户故事常用的结构。相反，我们使用简单的标题如"添加议题提议""编辑评论"等。当具体情境信息非常重要时，就常常使用更详细的描述，这包括将故事套用常用的格式，例如哪个角色应该能够做哪些活动。通常来说，用户角色的层级是从具有最多权限到最少权限，即会议主席、执行主席、专题主席、专题评审人、提交人和参会人。参会人具有一般的查看权限和创建议题提议的能力。提交人在具有参会人权限的基础上还具有和他们议题提议相关的权限。专题评审人具有更多权限以处理他们所在专题的议题提议。紧接着是专题主席对他们专题内的议题提议具有更多权限。最后是会议主席和执行主席具有最多权限。

我也发现当需要说明为什么我们想要一个具体的特性时，就会增加用户故事的"以便于"部分。不过，我通常在待办列表中只提供用户故事的描述信息。

即便没有使用传统格式，我们仍然坚持用户故事的公认的良好特性，即INVEST特性（Independent独立的，Negotiable可协商的，Valuable有价值的，Easily Sized易于估算大小的，Small较小的，Testable可测试的）。我们确保用户故事足够小，作为有价值的功能的独立单元。每个用户故事都有实例支持，并最终形成

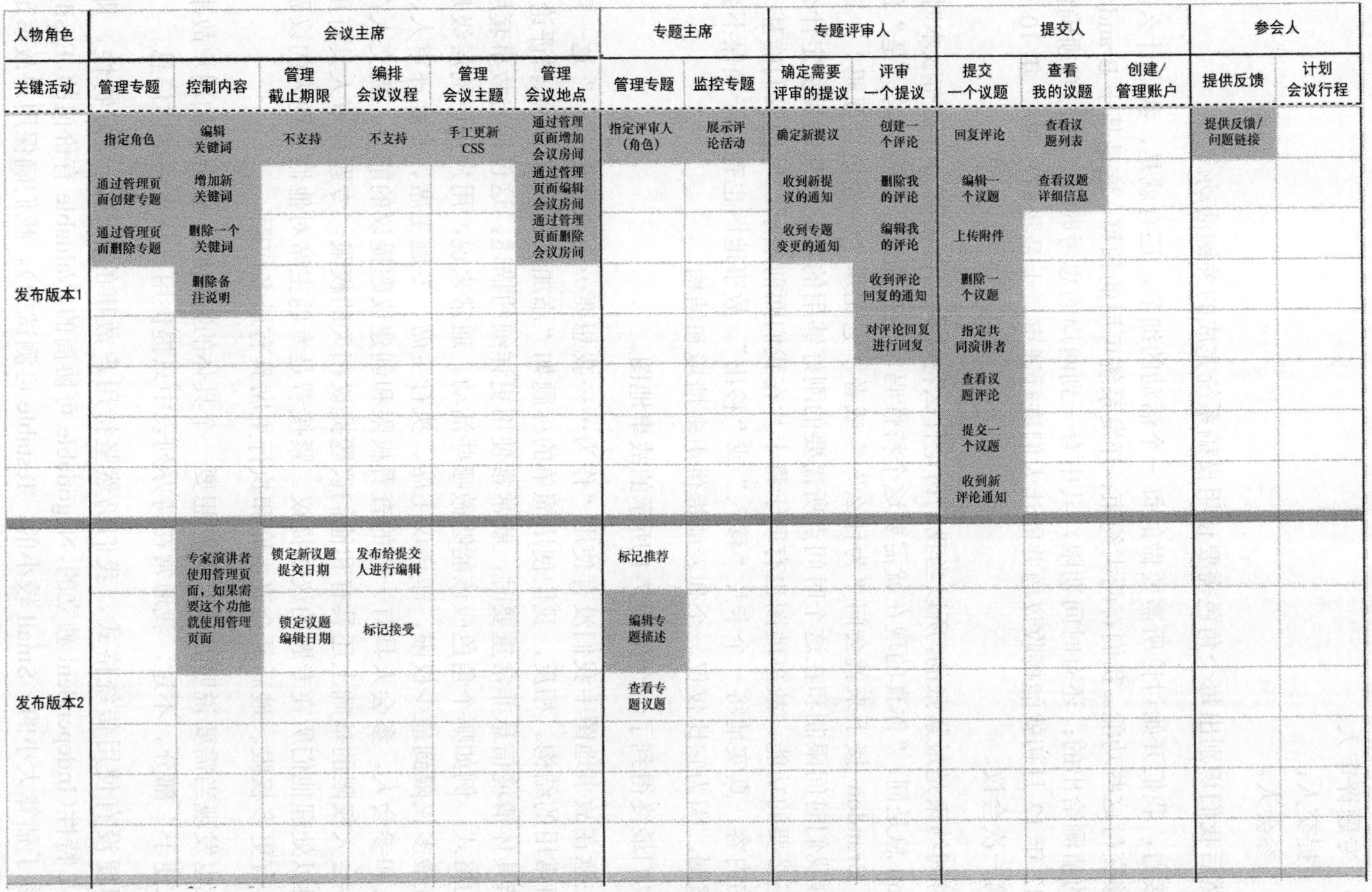

人物角色
会议主席
专题主席
专题评审人
提交人
参会人
关键活动
管理专题
控制内容
管理截止期限
编排会议议程
管理会议主题
管理会议地点
管理专题
监控专题
确定需要评审的提议
评审一个提议
提交一个议题
查看我的议题
创建/管理账户
提供反馈
计划会议行程
发布版本1
指定角色
通过管理页面创建专题
通过管理页面删除专题
编辑关键词
增加新关键词
删除一个关键词
删除备注说明
不支持
不支持
手工更新CSS
通过管理页面增加会议房间
通过管理页面编辑会议房间
通过管理页面删除会议房间
指定评审人（角色）
展示评论活动
确定新提议
收到新提议的通知
收到专题变更的通知
创建一个评论
删除我的评论
编辑我的评论
收到评论回复的通知
对评论回复进行回复
回复评论
编辑一个议题
上传附件
删除一个议题
指定共同演讲者
查看议题评论
提交一个议题
收到新评论通知
查看议题列表
查看议题详细信息
提供反馈/问题链接
发布版本2
专家演讲者使用管理页面，如果需要这个功能就使用管理页面
锁定新议题提交日期
锁定议题编辑日期
发布给提交人进行编辑
标记接受
标记推荐
编辑专题描述
查看专题议题

图 7-1 会议投稿系统故事地图

自动验收测试，从而确保功能如预期一样工作。再强调一次，我们能够用这种方式工作是因为在团队成员之间具有深深的信任，并且当我们决定要去做什么时，每个人都很清楚情况。

7.4.1 定义-构建-测试

一旦有了故事地图，Brandon 和 Darrin 就可以启动开发了。我们并没有采用常见的方式——每隔几周在计划会议上将工作组织起来放入固定时间盒的方式。对于这个特定的项目和特定的团队，这些是多余的。相反，Brandon 和 Darrin 从故事地图上直接拿走一个条目，在测试环境中实现后就让我看一看效果，一旦我说"看上去不错"，他们就开始下一个条目的工作。在我们对外界发布投稿系统之前的日子里，Darrin 可以随时将变更上线到"生产"环境（submission. agilealliance.org）。自从投稿流程开始后，每当我们更新变更时虽然会更加小心谨慎，但我们依然能够在需要的时候随时进行上线，并且确实有几次我们不得不进行快速更新。

Brandon 和 Darrin 创建了开发测试环境和源代码管理仓库。他们给了我这两个系统的访问权限，从而我就能随时查看进度。我会进入测试环境检查他们刚刚开发完的功能，以便反馈是否能够上线到生产环境。测试环境的一个不错的功能是"身份存根服务"，这可以让我们从一个角色快速切换到另一个角色，从而可以查看投稿系统对会议主席和提交人的支持程度。在身份存根服务中，我们使用人物角色（persona，参见第 11 章），例如评审人 Reed 和提交人 Sam，同时也在实例中引用这些人物角色。除了用于版本控制，我们还使用源代码管理仓库跟进正在开发的用户故事以及遇到的问题，同时也用作文档库。

当刚开始投稿系统的工作时，我们讨论过一些传达需求的方式。最开始时我勾画一些屏幕原型，以此来说明希望重新布置的内容，但后来我们发现并没有经常参考这些原型。Brandon 具有丰富的会议经验，因此他对什么是需要的非常清楚，同时也了解如何改善屏幕布局，这帮了我们的大忙。我们最终使用了下面这个通用方法：Brandon 或 Darrin 从故事地图选择一个用户故事，然后在代码库中创建一个条目来记录关于这个用户故事的会话。他们的任何问题都会在这个条目中记录。每当一个新条目创建或任何条目中增加了与我相关的评论，我都会收到电子邮件通知。当有问题时，我会在条目中以评论的形式提供答案。这个简单的工作流程（见图 7-2）帮我们将用户故事的所有信息和会话都保存在一个地方，而不是散落在多个不同的邮件链（email chain）中。

大多数问题都能在一两次评论的回复中得到解决。只有几次 Brandon 和我最终要在电话上讨论某个特定的问题。

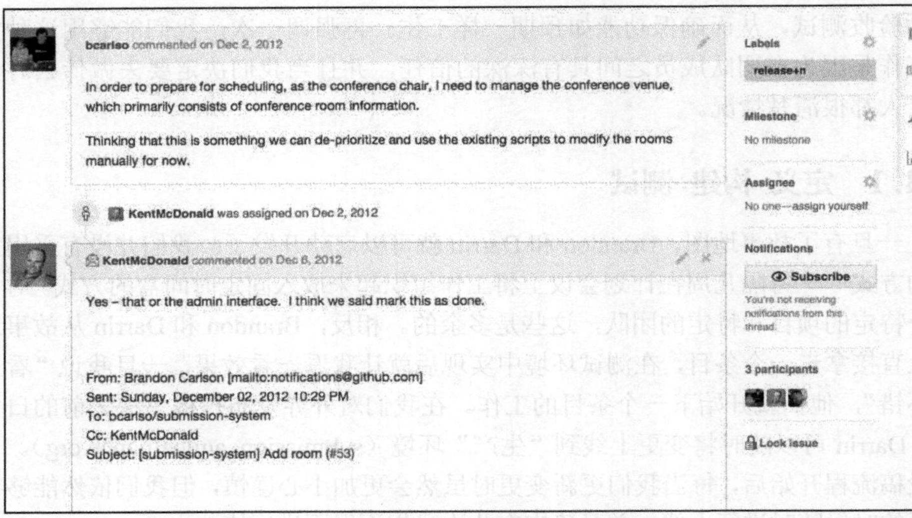

图 7-2 代码库中的条目

Brandon 和 Darrin 会根据我的回答创建实例。他们把这些实例根据角色和特性组织整理后保存起来。起初这些实例发挥的作用就是帮我们达成投稿系统该做什么的共识。开发工作结束后，这些实例就作为投稿系统能够处理场景的有力参考。当问题出现时，即投稿系统展示的行为似乎有点怪异时，我能够检查这些实例——存储在当时我们称作特性的文件中——以便确认构建的系统可以处理什么场景。几乎每一次怪异的行为都是由于我们未曾考虑的情形造成的。（正如我告诉大家的，发生这些问题并不是因为系统工作不正常，而是因为我。）这一经验也再一次印证没有人能够提前考虑到所有情形这一事实。

我确信这些实例恰当地描述了系统的行为，因为每个特性都会转化为自动化测试，Brandon 和 Darrin 在创建这些测试后才开始写生产代码以便让这些测试通过。每当有代码的变更提交，这些测试都会执行，因而一旦有问题发生，Brandon 和 Darrin 都能够立刻知道。这让我有时间去关注最近的修改是否满足投稿流程的需求，以及确定是否遗漏了某些场景。

下面是一个特性文件的例子。这一组实例是为增加评论的特性而添加的。即允许某一指定专题的评审人能够给提交人提供反馈，这通过在议题提议下面增加评论来完成。注意，在这些实例中出现的名字是我们创建并在测试环境中使用的人物角色。

```
Feature: Add Review
  As a track reviewer
  I want to add reviews

  Background:
    Given I am logged in as "Reed"
```

```
Scenario: Review a session
  Given a session exists on my review track
  When I add a review to that session
  Then the review should be added to that session

Scenario: Unable to review for other tracks
  Given "Sam" has created a session on another track
  When I try to add a review to that session
  Then I should not be allowed

Scenario: Unable to review my own session
  Given I have created a session on my track
  When I try to add a review to that session
  Then I should not be allowed

Scenario: Unable to review sessions I'm a co-presenter on
  Given a session exists on my review track
  And I am the co-presenter on that session
  When I try to add a review to that session
  Then I should not be allowed

Scenario: May only review a session once and must respond to existing review
  Given a session exists on my review track
  And I have already reviewed that session
  When I try to add a review to that session
  Then I should be taken to the "Existing Review" page
```

可以根据这些实例推断出如下规则：

- 评审人只能评审在其作为评审人的专题中的议题提议；
- 评审人不能评审他们作为演讲人或共同演讲人的议题提议；
- 评审人只能对议题提议评审一次。

我们无需创建大量需求文档，因为只有我们 3 个人，而且这个领域相对简单直接，同时 Brandon 和我对投稿流程具有丰富的经验，而且 Darrin 也学习得非常快。我们发现通过代码库中的条目进行信息共享，并且当需要时能够参考特性文件的做法足够记录我们所需要的信息了。

7.4.2 主题的小插曲

当然确实有一些情况，某些问题是无法通过交换信息的方式得到解答的。增加主题的特性就是这样的一个例子，在开发过程的早期我们就把它包含进来了。作为投稿流程的其中一步，我们让提交人选择他们的议题所属的特定专题。敏捷大会通常有 15～20 个专题，这主要用于组织 1000 多件投稿，而评审人要从中进行筛选以便评审并选择议题。在 2013 年规划时，执行主席觉得将专题组合起来是个不错的主意，从而每 3 个执行主席就能聚焦于一组专题。这个功能的增加是发生在 Brandon 和 Darrin 开始投稿系统的工作之后，而且传递这个需求也是我们第一次使用代码库条目传递用户故事的信息。我将执行主席的要求传递给 Brandon，图 7-3 显示了他是怎么回应的。

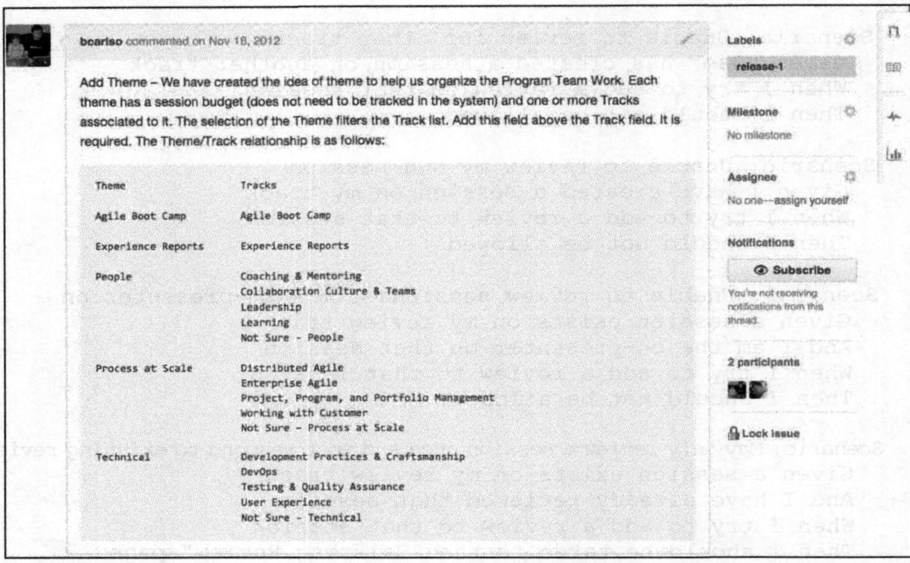
bcarlso commented on Nov 18, 2012

Add Theme – We have created the idea of theme to help us organize the Program Team Work. Each theme has a session budget (does not need to be tracked in the system) and one or more Tracks associated to it. The selection of the Theme filters the Track list. Add this field above the Track field. It is required. The Theme/Track relationship is as follows:

Theme	Tracks
Agile Boot Camp	Agile Boot Camp
Experience Reports	Experience Reports
People	Coaching & Mentoring Collaboration Culture & Teams Leadership Learning Not Sure - People
Process at Scale	Distributed Agile Enterprise Agile Project, Program, and Portfolio Management Working with Customer Not Sure - Process at Scale
Technical	Development Practices & Craftsmanship DevOps Testing & Quality Assurance User Experience Not Sure - Technical

图 7-3 增加主题条目

他在下面增加了一条评论，表明了对这个变更的真实想法（见图 7-4）。

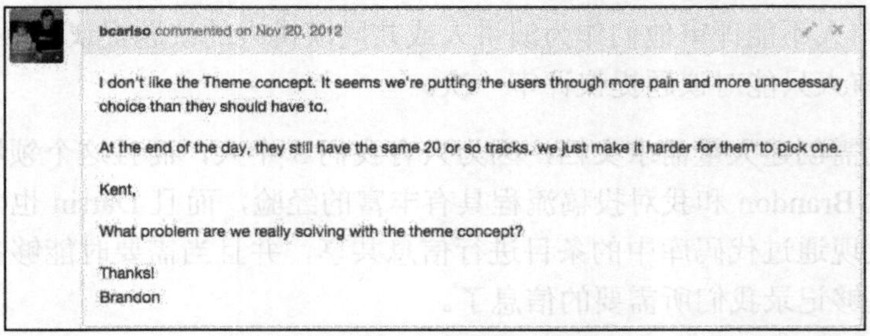
bcarlso commented on Nov 20, 2012

I don't like the Theme concept. It seems we're putting the users through more pain and more unnecessary choice than they should have to.

At the end of the day, they still have the same 20 or so tracks, we just make it harder for them to pick one.

Kent,

What problem are we really solving with the theme concept?

Thanks!
Brandon

图 7-4 增加主题条目的第二部分

注意他最后一句：“我们到底要使用主题这个概念来解决什么问题？”

真聪明！

作为产品负责人，我应该对此更加清楚，于是详细地描述了解决方案：“选定主题，就会从专题列表中过滤出相关专题。在专题的文本框上面增加该主题文本框。这个特性是必需的。”Brandon 既是一个开发人员也是我所知道的最好的分析人员（Brandon，这是我发自内心的赞美），他总是能让我坦诚地面对自己的问题，并一步一步地想清楚到底要完成什么东西，从而我们可以找到最好的解决方案。我与 Brandon 和 Darrin 进行了几次邮件沟通（当时我们还未完全走顺流程），发现重要的是把专题分组，以便执行主席能轻松地关注一组专题。基于此，Darrin 为实现同样的目标开发了一个完全不同的原型——他使用了我之前并不知道的 HTML 能力——如图 7-5 所示，在下拉框中的分组列表。

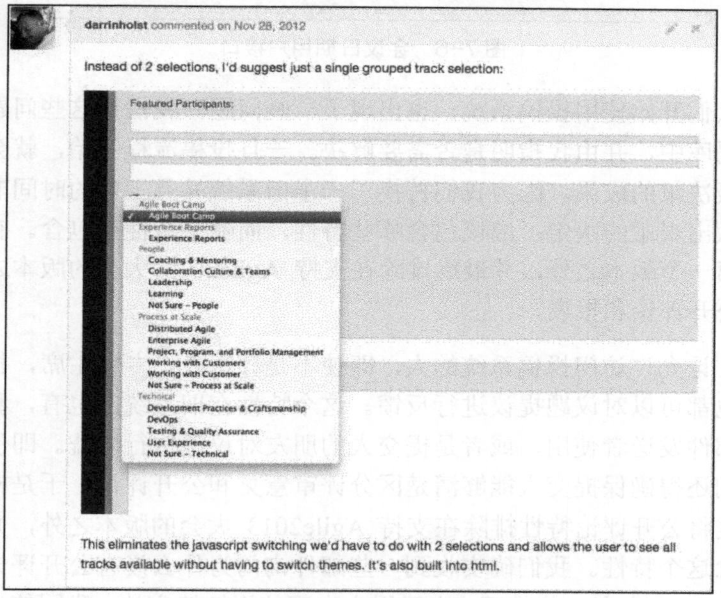

图 7-5 主题的解决方案

太棒了！我们选用了这个方案，主题的概念无缝地融入到应用程序中，而我也得到启示，重要的是考虑清楚要实现什么目标，而不是建议如何实现，把这个工作留给更懂技术的团队成员去做决定。我们没有太关注彼此的角色，从而我们获得了很大好处。

在准备 Agile2013 大会时，我们遇到很多困难要解决。当我们攻克了第一个难关——在 12 月初将投稿系统运行起来并开始接收议题提议和评论——Brandon 和我相约见面讨论应该在下一个版本中包含什么特性。我们更新了故事地图，以便反映出必须在第二个版本中完成的工作。在这个版本中，我们发现，在议题提议的提交期结束后，投稿流程的里程碑日期和活动需要重点关注。我从前面介绍的主题例子中吸取了教训，这次我只是指出我们需要某种方法阻止人们在给定日期后提交议题，然后在随后的一个给定日期后禁止人们编辑现有议题。最容易的实现方式是将不再接收议题的日期硬编码，但我们还有一点时间来完成这个变更，而且我们清楚地知道投稿系统会使用好几年，所以我们决定实现会议主席能够修改这个日期的功能（见图 7-6）。如果因为某种原因，会议主席决定延长投稿期或编辑期，有这个功能也是很方便的。

New Sessions:
12/07/2014 00:00 COT
-
02/23/2015 00:00 COT
Sessions Edits:
12/07/2014 00:00 COT
-
02/23/2015 00:00 COT

图 7-6　会议日期用户接口

随着人们开始使用投稿系统，也出现了一些问题。我们把这些问题作为条目记录到代码库中，并由我指明是否需要解决。一旦投稿流程开始，就会感受到我做的优先级决策的成果。因为我们替换了一个旧系统并且工作的时间非常紧张，我就必须做出艰难的决定：应该包含哪些特性，而哪些特性不包含。有两个特性被排除在第一个版本之外，并最终排除在支持 Agile2013 大会的版本之外，这两个特性是公开评论和报表。

公开评论允许访问投稿系统的人，即使不是评审人，专题主席，执行主席或会议主席也都可以对议题提议进行反馈。这个特性在旧系统上也有，我们发现主要是垃圾邮件发送者使用，或者是提交人的朋友对议题进行吹嘘。即便是在旧系统上，我们还得确保提交人能够清楚区分评审意见和公开评论。于是根据预算限制，我决定将公开评论特性排除在支持 Agile2013 大会的版本之外，并看看有多少人会想念这个特性。我们确实收到一些邮件询问为什么没有公开评论的功能，而且在 Twitter 上也有一些唠叨。由于用户也都使用敏捷方法，我回信说我们没有包含公开评论功能是因为它不像其他特性一样具有高优先级，而这似乎让所有人都满意了。我也关注了收到的反馈数量，以便于日后进一步考虑。

我们排除掉的另一个特性是报表。这确实影响了少数人（即大会执委会），但却有相当大的影响。几位专题主席常常希望将议题提议的信息拿到投稿系统外部进行分析，一般使用 Excel 工具。我知道，我们第一年的重点是提供方法把信息提交进投稿系统，表明哪些议题获得了专题主席的推荐，哪些主题被会议主席选中，并指明主题在何时何地进行演讲。但我也知道，很多执委会的成员依赖于报表功能。我决定用最简单的办法来解决。我让 Brandon 给我直接访问投稿系统后台数据库的权限，并且能够利用特设的查询完成任何数据请求。我们这样做的理由是，这能让我们满足即时的报表需要，同时还能学习到真正需要什么样的报表，从而当我们有时间和预算时能够提供这些报表功能。

在这两个例子中，我使用内在的决策过滤器来决定是否应该加入一个具体的特性。第一个版本的决策过滤器是“这能帮我们接收并评审议题提议吗？”第二个版本的决策过滤器是“这能帮我们构建会议议程吗？”公开评论显然没有满足任何一个过滤器，所以很容易将其排除在外。报表功能是一个艰难的决定。我有充分的理由认为它有助于执委会构建会议议程，但事实上还有其他更加重要的特性，而当我们终于轮到要开发报表功能时，已经花光了预算。

故事地图为我们提供了一个额外的好处。当我们花光最初的预算并发现还有一些额外的工作要完成时，我们希望综合考虑我们当初想做的特性、我们已经完成的特性和尚未完成的特性。这为我们申请额外的开发资金提供了一些基础。我遍历了整个故事地图并从两个角度进行颜色编码：工作的状态——未开始、进行中或者已完成；工作是否包含在最初的估算中。正如你所期望的，随着开发工作的进行我们发现了一些额外的需求，而有一些特性也变成了废弃的，这是因为Brandon和Darrin发现这些特性最初期望满足的需求，可以通过不同的方式解决。这种分析严格遵照财务原因开展。而这对实际系统的功能没有任何影响，因为我们在开发过程中做出决策以便开发真正需要的功能。然而，这种分析也解释了为何并非所有最初列表中的工作都会交付：因为最初的列表是基于当时的猜测得到的。虽然我们大概知道这背后原因，但通过故事地图这种方式传达信息能帮助我们更好地分辨需求。如果能够重新做一遍，我可能会在使用过程中力保故事地图持续更新。

对于状态不是“已估算”或“已完成”的特性，我解释了原因。这也引起了如下不一致：基于估算建立的预算和基于最新信息做出的决策之间有不一致。此外，我们更加关注以最合适的方式支持投稿流程取得成果，而不是严格坚持项目初期在最不了解情况时建立的项目范围的初始列表。我认为这种方法对大型组织中的复杂项目也是有意义的，只要团队也维护一份持续更新的列表用来记录计划和实际之间的差别就可以，而不要在事实发生后试图寻找理由。因为我们的特性不多，所以能够做回顾分析。在大型系统上做分析要困难得多。

有另一个例子，也能说明应该采用希望完成什么而不是如何完成的方式来表述需求，这个例子和我们最终没有构建的几个特性有关。这些特性都是和设置议程时要添加大会特定信息相关的功能，如创建专题、删除专题，创建、编辑以及删除主题，创建、编辑以及删除房间，还有创建、编辑和删除时间段。我们原本打算创建页面以支持会议主席完成这种编辑工作，但Darrin发现了一个管理框架能够提供数据的几个维护特性，非常方便。通过这个管理框架，我们节省了大量开发工作。当我们最初梳理特性列表时，我们不知道有这个框架，但因为我们通过成果而不是产出衡量进展，所以我们非常乐意使用这个框架。

Brandon和Darrin找到这个管理框架是非常幸运的，然而他们并不是一下子就找到的，不过我们仍然可以在没有维护大量描述性数据的能力的情况下向前推进项目。一个议题提议是一种“中心实体”，投稿系统的大部分相关数据都提供了议题提议的进一步描述（跟索赔申请是保险公司的“中心实体”非常像）。有些信息与议题提议是相关的，也是一个完整的议题提议所必需的，它们是主题、专题、时长和议题类型，这些信息每年都会变化，因而硬编码这些信息是不合适的。Brandon 和 Darrin 创建了结构使得这些属性是动态的，然后可以手工更新它们（即，模拟数据）。这使得我们能够创建新提议而不用先实现创建或编辑描述性数据的功能。这个简单的技巧加速了真正重要的功能——创建议题提议——的实现。

在 Agile2013 大会开始的前一天，执行委员会召开了一次筛选流程的回顾会。回顾会针对我们来年能够对投稿系统所做的优化提供了很多好的建议。大部分建议并不是第一次提，但确实也有一些新的建议，同时我们也收集了一些信息，帮助我们以适当的角度看待事情，并揭示了各个工作事项的合理优先级。我们用这些信息影响我们在 Agile2014 大会的工作方式。

7.4.3 Agile2014 大会

进入 Agile2014 投稿期，我们已经知道要对投稿系统进行几处变更，但这些变更跟我们在 Agile2013 大会时使用的广泛的工作分类并不匹配。而直接使用产品待办列表组织 Agile2014 大会的信息更加合理，于是我们在记录 Agile2013 大会的故事地图的电子表格中产生了一个新列表。从而 Agile2014 大会的待办列表既包含来自代码库中未完成的条目，也有回顾会和其他讨论产生的新条目。而使用电子表格比代码库更容易进行排序和筛选。

我们的第一个任务是确定预算。敏捷联盟的执行负责人从他的年度会议预算中先给定了一个以美元为单位的数字，但同时表示，我应该让他知道这笔钱是否足够了。

由于在预算中还有一个 Brandon 尚未提供的数字，我认为执行负责人给的这个数字就是合理的表示形式。实际上，这就是目标。所以我将这笔钱作为约束条件。另外我们还有时间上的限制，虽然不像上一年一样紧张。为了让投稿系统为 Agile2014 大会做好准备只需要做最少的必要工作。我梳理完待办列表，就发给 Brandon 进行估算。

Brandon 使用一个代表 90%置信区间的范围进行估算，这意味着开发一个特性的实际时间有 90%的可能落在这个范围内。我让 Brandon 和 Darrin 对列表中的每个特性都进行了估算，同时我把这些特性分为 A、B、C 这 3 类。A 类特性代表我认为必须完成的事情，B 类代表最好有的特性，而 C 类是所有其他事情。当我拿到估算之后，就把每个特性的“成本”（使用每个特性估算范围的上界）算出来，并把 A 类特性的成本加和。所有 A 类特性的成本比预算数目稍微超过一点，因而我将几个特性移入 B 类，直到低于预算为止。

我可以要更多的钱，但那需要我解释原因，而似乎并不值得那么做。毕竟，那些只是估算，同时如果我可以使用现有的给定预算完成所需要的一切，那我们最好开始工作而不是争论总预算缺少一小部分。另外，由于我使用估算范围的上界，那就很可能有一些特性无需花费 Brandon 和 Darrin 所想的那么长时间（当然，我也意识到有一些特性会需要更多时间），而从长远来看，我们将可以完成一些 B 类特性。

我的这一想法来自 Todd Little 介绍的软件优先级的 ABC 方法，参见 http://toddlittleweb.com/wordpress/2014/06/22/the-abcs-of-software-requirements-prioritization/。关注预算而不是估算让我将金钱看作设计约束。这意味着我们的讨论将围绕如何在约束下完成工作，而不是争论“正确”的估算是多少。

我告诉执行负责人我们可以用给定的预算完成，同时让 Brandon 和 Darrin 基于已完成优先级排序的待办列表开工干活，并要经常通知我所剩的预算还有多少。（因为他们是按小时计费，所以对预算的花费会相当清楚。）Brandon 和 Darrin 使用最简单的方式表示每个工作条目花费的小时数，而我将其加总就得到已经花费的总预算。使用这种方式，任何时候当一个特性完成后，我们都能确定是否还能“负担得起”另一个工作条目。最终发现，我们能够完成一半的 B 类特性。

当我准备待办列表时，我发现需要完成一些新的文档。具体而言，我创建了一个矩阵表明哪些动作应该发出提醒通知，同时哪些角色允许添加、编辑、查看或删除特定的信息。这帮我确保功能正常运行，但根据这一年的执行委员会发来的问题，我发现其他人也认为这些文档很有用。

我还需要为执行委员会准备简洁的操作指南。我们已经尽可能地让投稿系统足够直观，使得根本不需要操作指南或者说直接在系统里体现操作指南。但每年都有一位新的会议主席，而很多“直观”的特性对于新会议主席而言并非那么明显。有几次当会议主席要求一个特定的变更时，我问他到底想要完成什么事情，然后就通过投稿系统演示如何完成。这就说明，不只是维护系统的人需要文档，而且使用的人也需要一些操作指南。

是的，我知道你一定会轻蔑地说，“嗯，嗯，Kent”，但我这里要强调文档肯定有其作用，只要文档是为一个具体的目的服务并且创建的文档满足了那个目的就是有用的。我们不需要在发现和交付活动中创建大量需求文档，但我们发现有些系统文档（参见第 15 章）有利于支持未来的开发。

7.5　经验总结

投稿系统的经验虽然比我参与的其他项目要简单，但却提供了很多机会学习好的和不是那么好的项目方法。项目团队喜欢短时间的项目，并享受一小组全情投入的技术人员一起工作，同时对要完成的工作具有清晰想法。如果说有什么经验的话，这个项目经历帮我看清楚情境是非常重要的，这不仅是在扩展流程以处理复杂的项目时如此，而且在抽离基本要点以处理更简单的项目时也一样。下面是到目前为止我从这个项目经历中总结的经验。

团队中的信任和透明度越高，就越不需要流程和项目文档。我从未见过 Darrin 本人，而且过去两年我跟 Brandon 只聊过屈指可数的几次。但我们仍然能做到只需要最低限度的项目文档，因为我们彼此信任，并且我们能通过电子邮件或其他方式充分地沟通想法。我们对力证自己的位置或保护自己的地盘不感兴趣，相反，我们关注于构建一个有用的投稿系统。

在有些情况下，即使是 Scrum 建议的最小实践也可能矫枉过正。正如我前面提到的，我们没有在本项目中使用结构化的迭代方法。它更像一个流式的方法，主要是因为计划会议、每日站立会议和演示都是不必要的开销。一旦我们使用了一个方法（正如它原来是自发使用的），我们就形成了一个良好的节奏。Brandon 和 Darrin 会从列表中取下某个条目，然后在代码库中创建一个对应的条目，如果有任何问题，我们通过代码库中的条目进行沟通，从而答案就和问题记录在一起了。当某项工作已经准备就绪等待检查，他们就会告诉我。从而我们不必等待一次特定的演示来试用功能或告诉他们这是否是我们需要的。（这并不是说我不会偶尔地选择一次性检查一堆变更，但是否这么做完全是依据我的工作而做出的选择，不是任何特定的团队仪式。）找到最适合团队使用的方法，并抛弃所有其他的。这里，情境是决定因素。如果团队远远大于 5～9 个人，首先确定是否需要那么多人，然后要了解人越多沟通渠道就越多，从而亟需日常协调和其他技术帮助协作。

自动化测试非常有价值。当我将这个投稿系统和之前的系统相比时，发现它们之间的区别就如同黑夜与白昼一样。我是和另一个团队一起负责之前的系统的，但我不是要把这个区别归因于那个团队，他们也出色地完成了工作。两者之间的主要区别在于新的投稿系统基于一套自动化测试进行构建，当变更发生时，它就会发挥作用，从而我能够建立大幅的信任并感到安心。我发现自己比之前减少了大量重复检查工作，而我要做的工作要么是理解新系统如何工作，要么是检查非常独特的情形。

自动化测试的一个潜在缺点是很容易让检查系统功能的人变得有点懒惰。一旦我对新系统感到安心，我就疏于检查各种功能，而且未能预见到很多不常见但重要的场景。正如我之前所说的，当我们遇到问题时，不是因为投稿系统出了毛病，而是因为产品负责人未能发挥作用。我将此主要归因于我当时是投稿系统的兼职产品负责人。这只是我全职工作之外做的一件事。这件工作无需全职，但我猜如果我能全身心关注投稿系统的话，就会更多地注意到那类问题。

让你使用的方法决定你要使用的工具，而不是反过来。我经常被问到的一个问题是团队该使用什么工具。我的第一个建议通常是毫不犹豫地拿起一支记号笔和一沓便签纸。更正式地，我会告诉团队使用他们当前有的任何工具。我已经见到太多团队首先采用了一款工具，然后受到工具的制约又设计了一套效率极差的流程。在投稿系统的案例中，我们首先使用了 Google Docs，这只是因为它是免费的，而且针对分布在不同地方的人提供很好的支持。项目早期我们改用代码库中的问题追踪功能，因为它能让 Darrin 和 Brandon 在一个地方工作，并为我们提供了需要的功能（其实我们需要的并不多）。再次强调一下，这种方式并不一定适合每个人，但在我们特定的情况下工作良好，坦白地说，这才是最重要的。

在某些情况下，以分布式的团队进行工作是不错的。Brandon，Darrin 和我从未面对面一起工作。虽然我们都住在同一个小镇上。难道这违反了敏捷的整个理念吗？并非如此。我们能够使其正常工作是因为通过代码库和电子邮件进行沟通沟通很适合我们。我们都是成年人并能够合理地使用这些手段进行沟通。有几次我们需要处理复杂的问题，Brandon 和我会使用电话沟通，或者相约在某个地方一起午餐。我们没有分布在不同的时区是有好处的，但即便那样在这个案例中也没有关系，因为没有太多事情需要我们大量、深入地同步协作。Brandon 对我们要完成的整个流程有清楚的理解，也是有利的一点。只有当我对流程做出变更时，或者我们想要解决之前开发团队遗留的问题时，他和我才需要讨论细节。同样，很多项目的情形并非如此。但我从这个经历中总结的一个经验是在项目开始时建立共同目的和共识，可以使分布式协作非常顺利。

使用预算而不是估算。把时间和金钱作为设计约束，类似于一个网站要支撑的用户数。得到这些约束之后，让团队确定可行的解决方案，或者，如果在这些约束下不可能得到预期的结果，那就告诉你。正如我前面提到的，当你要决定完成哪些特性时，这会引发更多富有成效的对话，并确保谈话远离估算如何更低的旋涡。

第8章 案例研究：佣金系统

8.1 简介

McMillan 保险是一家中型医疗保险公司，坐落于美国中部的一个中等规模的城市。McMillan 通过收购实现了快速增长，它选用的一个做法一直持续至今，就是让每个公司在和总部外的任何一个人打交道时仍保持其自身的标识，包括与独立代理商之间的关系和由此产生的佣金结构。这就意味着 Arthur 作为佣金职能部门的经理，不得不处理大量的完全不同的非常独特的佣金规则，细到每个代理商层面，而由此产生的佣金“系统”的大杂烩需要管理这些不同的佣金计划。McMillan 已经完成了收购狂欢，现在意识到要在很多领域引入一些共性，包括佣金领域。

Arthur 被指定负责要让佣金领域更加高效，所以他的第一反应就是要找一个新的佣金系统，让他能在一个地方管理所有的各种佣金计划，同时还能保持所有的独特的佣金结构。他与几个有经验的员工一起坐下来，开始在互联网上寻找各种可能的产品。他们通过快速搜索得到了几个选项。（当然，这应该是显而易见的，McMillan 从收购的公司中就继承了 7 个不同的应用软件，其中只有一个是公司内部开发的。）

此时他们找到 IT 部门寻求帮助，想要弄清楚该怎么办。Arthur 起初有点犹豫，因为他担心 IT 部门想要在内部开发。而 IT 团队的业务分析师 Heather 建议他不要急于冲出去寻找特定的产品，而应该退一步想想他们要满足的需要是什么，这让 Arthur 非常惊喜。Heather 和 Arthur 坐下来讨论当前的现状以及 Arthur 希望达成的目的。

8.2 需要

他们谈话的结果就是确定了如下的目标。

- 生成佣金报酬的时间从一周减少到两天；
- 建立新佣金计划的时间从六周减少到一周（每次新产品发布都需要创建新计划）；
- 建立新代理商的时间从一天减少到一小时。

接着他们讨论了理想的解决方案的特征。他们谈话的时候，Heather 使用基于目的的对准模型（参见第 12 章）确定佣金是校检活动，而 Arthur 意识到试图为每个代理商设定独特的佣金规则，实际上是佣金系统的过度投资。现有佣金报酬的数据表明，独特的规则并未直接影响到代理商要销售的东西，所以它们可能并不值得 Arthur 的部门花费成本创建并管理这些规则。于是 Arthur 记了一个便条，就是要和销售经理讨论一下降低佣金规则的复杂性。

当时成立了一个小组，包括 Arthur 和一些资深员工，还有 Heather 和几名 IT 人员。Arthur 和 Heather 将他们一起讨论的目标描述出来，然后和团队一起为项目创建决策过滤器，以确保每个人都清楚。

这里是他们得到的决策过滤器：

- 这会缩短佣金报酬的支付时间吗？
- 这能帮我们更快地建立佣金计划吗？
- 这能帮我们更快地建立新的代理商吗？

8.3 可能的解决方案

一旦团队对要完成的目标有了共识，他们就决定去寻找实现这些目标的选项，首先从减少佣金报酬的支付时间开始。他们使用影响地图（参见第 14 章）来帮他们识别选项。他们得到了几个选项，包括简化佣金规则和把多个佣金系统整合成一个。该小组还找到了几个选项来处理现有系统。

- 开发内部系统；
- 修改现有系统的大杂烩；
- 采购某个系统；
- 把所有佣金活动外包；
- 什么也不做。

该团队确定最好的途径是先简化一家被收购公司的佣金规则，看看是否对销售有影响。同时，他们开始寻找软件以替换所有现存的佣金系统。表 8-1 列举了软件的期望特征，作为搜寻时的标准。

表 8-1 新佣金软件的期望特征

特征	必需/可选
从多个规则系统接收输入以确定佣金	必需
为每个代理商创建独特的佣金规则	必需
支持多种层级结构：一些销售渠道基于产品组织，另外一些基于地域组织，还有一些基于产品和地域组织	必需
允许在计算佣金的规则中进行调整	必需
允许人工确定佣金报酬	必需
基于自由格式的属性和这些属性的特定值创建独特的佣金规则	可选
针对不同个人和不同政策的多种佣金规则	可选

为防万一，他们把可选的特征也包含进去，他们担心会发现数据需要支持独特的佣金规则，同时也看看是否有任何常见的软件使用复杂的规则逻辑。

8.4 价值交付

团队将工作分成几轮。（他们之所以使用术语“轮”而不是“版本”，是因为并非每一轮都会部署软件。）他们最开始的时候并不知道到底需要多少轮，但他们知道他们要按照表 8-2 所示的那样组织工作。

该团队发现在最初几轮之后，他们能够把简化规则并迁移公司到新的佣金系统的工作同时并行。在前面几轮错开进行是为了隔离变化，并了解这些变化对销售有什么影响。

表 8-2 几轮工作

轮	内容
1	• 简化 Southern Comfort Insurance（SCI）公司的佣金规则 • 确定一款佣金系统进行采购
2	• 实现内部佣金系统 • 为 McMillan 的代理商们部署佣金系统（他们已经有可以直接使用的佣金规则） • 简化 Western Amalgamated Insurance（WAI）公司的佣金规则

续表

轮	内容
3	• 为 SCI 部署新的佣金系统 • 逐步淘汰 SCI 的现有佣金系统 • 简化 Eastern Agrarian Insurance（EAI）公司的佣金规则
4～*N*	• 为其余公司部署新的佣金系统 • 简化其余公司的佣金规则 • 逐步淘汰现有的佣金系统

8.5 经验总结

在本书写作时，这个工作依然在进行，但该团队已经学到了几条经验。

并非所有问题都需要一个技术解决方案。他们发现简化佣金规则有助于大幅减少处理佣金时需要的时间，并且证实了他们的猜测，独特的规则对销售代理商的行为并没有很大的影响。即使如此，他们决定把所有的处理工作整合到一个单一系统是有好处的。

你可能没有意识到你所具有的东西有多好。在该团队开始寻找新的佣金系统的时候，他们决定把5个购买的系统包含进来，并已经在使用这些系统管理佣金部分。而且他们发现简化佣金规则之后，他们使用的一个系统符合要求。他们必须升级佣金系统的几个版本，但完成之后，他们发现自己的工作主要就是为那个系统中不存在的一些数据创建新的接口。

商业现成（COTS）系统通常包含良好的业界实践。当该团队选用了一个佣金系统后，他们发现可以把一个业务单元的佣金流程用在所有其他的业务单元中。而那个流程是由现有佣金系统的一名开发人员建议的。把所有业务单元切换到那个流程后，对整个佣金流程产生了更大的改进，并降低了迁移成本，因为他们不用再为每个业务单元设计新的流程。

不要忘记变更管理。团队不用提出新流程，并不代表这个变更已经彻底完成。佣金团队并没有遇到针对这个变更的太大麻烦，是因为超过一半的团队都参与了切换佣金系统的项目，但他们有一些跟代理商有关的变更管理。当他们发现佣金结构发生变化时，大部分代理商都在大声地抱怨。该团队发现帮助代理商们适应变更的最好办法是向他们提供他们自己的佣金在老系统和新系统的结构。大部分代理商发现他们的佣金是一致的，甚至有些会增加。佣金下降的代理商只有少数人，这些人研究过旧的计划，足以利用漏洞以便最大限度地提高他们的收入。从而这些代理商享受着最高的报酬，但实际销售额却在中游。

不要忽视与其他工作间的相互依赖关系。该团队最初认为，他们要做很多工作都需要跟一组新系统开发接口，以便每个业务单元能迁移到新的佣金系统。项目开始不久之后，他们发现会计和新业务系统也在同时进行，这也是为了使事情变得更加统一。于是佣金团队就和另两个团队一起讨论并沟通他们的部署计划，因为他们以同样的顺序但不一定同一时间去影响同样的业务单元。但这意味着佣金团队无需为每个业务单元建立新的接口，他们只需要修改已经建好的接口即可。

第 9 章

案例研究：数据仓库

9.1 简介

数据仓库和商业智能项目对采用敏捷方法的团队构成了一些有趣的挑战，诸如大型的数据集，复杂的集成，以及你需要的所有数据都有用的想法。这一案例研究的目标是针对这种项目应该如何进行分析提供一些洞察。

在第 8 章介绍的 McMillan 保险公司是一家由医疗保险公司组成的协会的会员，这一协会建立了一个协议，以便当为每个会员处理彼此不在本地区的索赔申请。举个例子，如果 Tricia 住在纽约，但在参观堪萨斯城时生病了，并在那里看了医生，而这就像她在纽约看医生一样可以得到赔偿。（一名来自美国之外的评审人认为，这是美国医疗健康体系的具体特点，而且可以作为搞砸美国医疗保健的一个预兆，而这一预兆也出现在欧洲，所以对此加以注释非常重要。）

9.2 需要

协会的医疗计划负责传输索赔申请和彼此的会员资格信息，使用由协会创建并维护的计划间理赔系统（Interplan Claim System，ICS）进行传输。协会使用由 ICS 传输的数据来计算一组 30 个性能指标，这些指标用来衡量每一个计划的执行情况，并用来识别计划间传输的改进机会。McMillan 保险公司的索赔处理部门一直在努力提升其中几个指标的性能表现，而且如果不能尽快提升就会面临罚款的可能。

索赔处理部门发现他们获取性能度量指标的更新——基于他们在 ICS 的实例打印出的月度报告——频率比较低，无法让他们更加主动地管理他们的工作。他们决定如果能从 ICS 更频繁地获取数据，就能每天评估性能度量指标并相应地计划工作。如果他们能看到每天工作情况的度量指标，就能更快地获得反馈，以便了解他们的行动对索赔处理的周期时间有怎么样的影响。

为此，McMillan 保险公司启动了一个项目，旨在每天获得 ICS 数据更新并且每天计算性能度量指标。当团队讨论项目的初始范围时，他们意识到可能需要将来自 ICS 的索赔信息和他们自己的索赔处理系统中的信息关联上。他们的索赔处理系统被亲切地称作 EDDIE，如果这曾经代表什么含义的话，现在已经没人知道 EDDIE 代表什么含义了。

项目获得批准并不容易。有大量的项目在争夺有限的资金，而且由于 McMillan 保险公司并不赞同“资助它而它终将建好”的项目组合管理方法，项目团队不得不寻找合适的时机，以确保这个项目在当时被认可足够重要，从而秒杀其他争夺资金的项目。还有一个复杂的因素，这个项目缺少任何财务目标与改善底线之间清楚的联系（除了避免来自协会的罚款）。到该项目最终被批准时，需求其实已经很急迫了。

尽管项目组合管理流程不需要除了影响 McMillan 保险公司底线以外的具体目标，但团队还是决定要一些清晰的目标来衡量他们是否在朝着正确的方向前进。幸运的是，项目的性质提供了一个初步的候选目标：性能度量指标。30 个性能指标汇总得到一个复合得分，加起来为 100，从而团队每个月都能看到针对 McMillan 总分的影响，并相应地计划未来的工作。虽然项目的一个既定目标是每天计算性能指标，而真正衡量成功的指标是该性能指标实际显示的得分。

9.3 可能的解决方案

在新数据部署之前，需要完成全部 30 个性能指标，但他们决定不这样做，因为他们需要尽快为索赔处理团队搭建并跑通系统。好消息是，性能指标建立在其他指标之上。列表上的前面 5 个指标是基础项，在计算后续指标时需要，并且也为索赔处理业务单元开展工作提供了一个良好基础。于是他们决定根据性能指标的分组来组织版本。最开始的 5 个指标包含在第一个版本中，接下来的 10 个指标包含在第二个版本中，而最后 15 个指标包含在最后一个版本中。

除了计算性能指标的必要功能之外，团队还决定把用来计算性能指标的数据元素放在一个特设的报告环境中，以便索赔处理团队能找出影响性能指标的索赔，从而确保其通过索赔流程。通过这种方式，索赔管理部门不但可以看到性能指标，还能看到那些造成分数不理想的具体索赔案件。

由于性能指标基于 ICS 数据，为了确保每个索赔数据真正起到作用，他们需要把 ICS 里的索赔记录和 EDDIE 里的索赔记录关联起来。好消息是 EDDIE 的索赔记录已经存在于数据仓库中。坏消息是它被分散在几个不同的集合中。一个集合表示仍在被处理的索赔，于是被标记为“过程中的”索赔。一旦索赔被处理完，其信息就会被存储在两个集合中——一个是“已完成”集合，其中包含索赔的所有处理信息，另一个是“AU”集合（有时也被称为“金子之心”），其中包含几个额外的数据元素用于精算与核保业务。

该团队发现他们最终需要把 ICS 数据和所有 3 个集合关联起来。虽然精算和核保业务要使用 ICS 数据看起来是不可能的，但项目团队无论如何都要那么做，因为这是他们的部署计划。然而，他们也知道，对于第一个版本，将 ICS 数据只和过程中的索赔集合关联起来是最重要的，因为这会提供最有用的信息。

9.4　价值交付

粗略地说，团队对于每个版本大概长成什么样心中有了数。他们确定了 3 个版本，并为每个版本制定了一组决策过滤器，如图 9-1 所示。

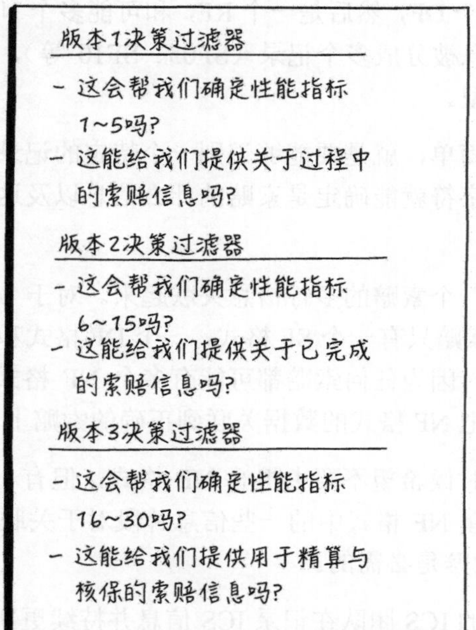

图 9-1　数据仓库版本的决策过滤器

这些决策过滤器为团队提供了快速明确的方式决定是否要完成特定的功能，

并能确定要完成多少架构工作。虽然隐含在每个版本中的架构工作并未明确地在决策过滤器中提出。但最大的一部分架构工作在版本 1 中，这会涉及读取数据并转换为可用格式等大量工作。

因为他们希望避免与外部组织的不必要的纠缠，他们决定直接拦截发送给 ICS 中 McMillan 实例的文件。虽然这似乎是避免与外部实体间进行沉闷乏味的折腾的好办法，但他们很快发现，一旦深入挖掘到文件层面，那些数据其实并不是以非常友好的格式在传输。

由于 ICS 是一个主机系统，数据是以一组定长文本文件的格式在传输，其中每个记录的前面几个字符表示记录的类型，从而确定该记录其余部分的布局。数据被组织成 4 种主要类型，称之为格式：

- 提交格式（Submission Format，SF）；
- 支出格式（Disbursement Format，DF）；
- 对账格式（Reconciliation Format，RF）；
- 通知格式（Notification Format，NF）。

一个索赔根据生命周期从一个计划到下一个计划时，会逐步收集信息，首先是一个 SF，然后是一个 DF，然后是一个 RF，和可能多个 NF 记录。在此基础上，索赔的每个格式的信息被分成多个记录（SF05、SF10 等），并通过特定的数据片段显示特定的记录类型。

第一个挑战相当简单，就是要能够识别一个特定的记录。这很简单，只要读取每一行的前面几个字符就能确定是索赔的什么信息以及这一行是哪一种特定的记录类型。

困难的是把给定一个索赔的多行信息关联起来。对于 SF、DF 和 RF 格式，这并不难，因为一个索赔只有一个 SF 格式，一个 DF 格式和一个 RF 格式。而 NF 格式就没那么容易了，因为任何索赔都可能有多个 NF 格式，而且确实需要一些相当复杂的过程逻辑把 NF 格式的数据关联到正确的索赔上。

项目团队最初的时候希望不要去担心 NF 格式，但有一些性能指标确实需要处理 NF 数据，而且在 NF 格式中的一些信息片段对于关联来自 ICS 的索赔和来自 EDDIE 的过程中索赔是必需的。

好消息是，协会的 ICS 团队在记录 ICS 信息并持续更新方面工作出色。坏消息是，ICS 的两个数据仓库团队根本没有想过要共享如何关联不同格式的逻辑。为此，项目团队只得对 ICS 系统中他们的实例使用的 COBOL 代码进行逆向工程，以便读取数据文件。

于是，最初几个迭代就变成了试错和结对开发的练习，从而，研究 COBOL 代码的分析师（同时学习阅读 COBOL）和开发抽取-转换-加载（ETL）代码的开发人员坐在一起。直到遇到 NF 格式之前，大部分工作都很容易。试错从此时才真正开始，而结对开发也成为最有效的工作方式。业务分析师写出他认为相关的规则，而开发人员在尝试规则的不同变形以便找出真正有用的规则，此时开发人员发现有业务分析师坐在身旁非常有帮助。为了得到一个看上去能够工作的流程，需要进行多次尝试。由于每一次要尝试不同版本的代码，所使用的处理时间就拖慢了工作进度。当他们完成的时候，他们把代码称之为“胶带模块”，因为它是非常容易出错的代码，如果有人碰到并弄坏了它，就会造成巨大的问题。这肯定是一堆技术债，但他们决定暂时忍受这一点，这样他们就可以得到一些有用的数据给利益相关者看。

后来反思时，团队认为如果他们在开发过程中有一组实例，将会更加高效。

早期迭代的几次演示，让人感觉有点儿虎头蛇尾，因为他们没能展示很多有意义的报告。相反，经常的情形是“嗯，我们发现如何识别不同的 SF 记录。看这是输入文件，这是产生的输出。”但这只是个开始。

接下来团队需要从各种格式中抽取数据并保存所需的关键信息，以便计算性能指标，并跟同一个索赔的 EDDIE 数据进行有意义的比较。该团队选择只做几个性能指标的一个很大原因是他们这样做就不用一次性抽取记录中的所有数据。乍一看，这似乎不是一个大问题，前提是只要他们想出如何识别不同的记录的方法。但事实上，那些文件是以 EBCDIC 格式编码的，这使得这项工作更加具有挑战性。该团队决定最好的实现路径是，只提取当前特性所需的数据元素，并把其他数据保留在一个有用的存放区。

他们第一个版本的工作如表 9-1 所示。他们根据 ETL 困难程度做出这个版本的决定，而且即便只能读取数据也仍然可以获得一些价值。

表 9-1　第一个版本的待办列表

特性	用户故事
读取 ICS 数据	• 读取 SF 数据（每个关联的记录类型包含性能指标 1-5 所需的数据，为此拆分故事） • 读取 DF 数据（每个关联的记录类型包含性能指标 1-5 所需的数据，为此拆分故事） • 读取 RF 数据（每个关联的记录类型包含性能指标 1-5 所需的数据，为此拆分故事） • 读取 NF 数据（每个关联的记录类型包含性能指标 1-5 所需的数据，为此拆分故事） • 关联格式数据（目标是将同一个索赔的信息关联起来）

续表

特性	用户故事
性能指标	• 性能指标 1 • 性能指标 2 • 性能指标 3 • 性能指标 4 • 性能指标 5 注：当一个故事包含获取合适的数据并计算对应的指标时，被认为太大的话，就会被拆分成更小的故事。他们拆分故事的首选方法是一个故事用于获取数据而另一个故事进行计算
关联 ICS 索赔和过程中的索赔	• 关联 ICS 索赔和过程中的索赔 • 添加额外信息片段的各种故事

随着利益相关者确认从 ICS 或 EDDIE 来的数据片段有助于回答特定的问题，加之他们在数据形成过程中有机会查看，于是就能开始思考如何使用这些数据，从而导致上述故事集合在版本开发过程中发生了变化。

该团队在开发第一个版本过程中并未对第二个版本和第三个版本的工作进行详细拆分，但他们至少确定了每个版本要包含的关键特性，如表 9-2 所示。

表 9-2　后续版本的特性

版本	特性
第二个版本	性能指标 6-15 扩展的过程中索赔 已完成的索赔
第三个版本	性能指标 16-30 AU 索赔 扩展的过程中索赔 扩展的已完成索赔

在创建特性的时候，团队其实并不清楚在扩展的过程中索赔和扩展的已完成索赔要包含哪些条目，但他们发现放一个占位符是个好主意，从而他们就不必在第一个版本中为过程中索赔获取所有信息，这个占位符可以消除利益相关者的疑虑，当然如果除此之外没有其他原因的话，他们就能够大胆地决定推迟这些条目的交付。

而在故事中明确地包含要添加的数据元素是非常吸引人的，并且他们确实开始做这件事了。但他们很快发现，很难设置故事的优先级，因为他们不知道这些数据元素使用的情境。教练建议他们用利益相关者试图回答的问题或者要做出的决定来描述这些故事。这样就提供了更多情境信息，至少使得他们和利益相关者的优先级讨论更有意义。于是他们开始关注哪些问题经常被问到，或哪个问题要在另一个问题回答之前先得到回答。

随着团队完成了第一个版本之后，他们开始细化第二个版本的特性，重点关注第二组性能指标。当时，他们认为可以在ICS和已完成的索赔之间建立连接，以便支持需要这种信息才能回答的几个问题。可是已完成的索赔只有在具有历史信息时才有用，而这涉及的处理逻辑比过程中索赔更加复杂，因为过程中索赔只需要当前时间点的数据视图。这个讨论让团队意识到虽然对已完成索赔的信息有需求，但他们并不清楚需求的程度如何，所以他们决定要完成构建ICS数据的历史的工作，并将其和已完成的索赔连接起来，但不会为了报表批露大量历史信息，直到他们确信真的有需求为止。

团队能够使用过程中索赔的信息满足所有相关的需要，因而决定在第二个版本中不再包含扩展的过程中索赔的特性。当做出这个决定后，他们还讨论了如果过程中索赔和 ICS 数据关联的发布比第一版本中其他部分的发布早的话就会更好，因为他们发现确定过程中索赔的进一步需求的最好方式就是让人们有机会使用已有数据。这可以当作“直到拥有之后才知道还需要什么”的案例。

团队很喜欢依据实际的经验发掘真正需求的这一想法，但他们讨厌要等太长时间。第一个版本只用了4个月，可是一旦他们意识到能够通过利益相关者对于版本的反应获得如此丰富的信息之后，4个月看起来就太长了。于是团队决定日后会尽量减少版本之间的时间以便能更快获得需要的信息。

直到他们开始了第二个版本的工作并跑通了历史数据的第一次构建之后，缩短发布版本之间的时间间隔才看似是个好主意。他们必须在周末运行程序以确保在测试机器上有足够的处理带宽并且不会干扰其他团队正在做的工作。他们花了整个周末来处理文件。而且更糟糕的是，第一次运行需要人工照看。如果每个版本都需要这种处理工作，那么更频繁的发布看上去就不是一个好主意。

其中一个团队成员开玩笑说，如果他们不得不一次又一次地做这件事，他们就会很在行。这样的俏皮话蕴含着智慧。在一些敏捷社区中有一句流行语——“如果有些事很难做，就多做几次。”这似乎违反直觉，但发布这种工作如果只是偶然发生的话，因为团队觉得不用经常做这些事，所以很多困难的手工方式就会变成可以接受的。但如果这个任务变得更加频繁，从一年的多次重复中得到的实践会让这个工作更容易做。你也必须寻找改进的方法，从而使得这个流程更加容易——有时效果确实非常显著。

当团队一起讨论时，他们发现大量人工照看的工作就是手工启动流程或验证结果。在第二个版本最初的时候，因为他们希望尽快将历史数据处理完成，而把流程自动化可能会延迟处理的进度，这种想法当时是合理的。但一旦他们意识到要更频繁地处理历史数据，“他们的懒惰就会激发行动”，一个团队成员如是说。除了自动化历史数据处理脚本之外，他们还把流程拆分为几个部分，以便能够只选择运行其中一部分。例如，他们最近运行完一批历史数据，然后决定要增加几个字段，有了这种拆分就很方便。从长期来看，这两步优化节省了大量时间，并赋予团队很大的灵活性以及对利益相关者需求的响应能力。

一旦利益相关者开始使用ICS和过程中的索赔关联的数据，他们就发现大量潜在的新问题需要回答。索赔处理部门也发现他们现在能够调查来自ICS的数据与EDDIE的数据不匹配的索赔案件。例如，在有些情况下，存在已久的、未被记录的、几乎被遗忘的业务规则能够指明哪些ICS字段会被加载到EDDIE的索赔记录中，并且有时候在加载前还会被用于变换数据。在另一些情况下，数据在流程的某个阶段在ICS中被索赔管理员做了改变。把来自ICS的信息和来自EDDIE的信息并排起来非常有用，就能够帮助跟踪这些条目以便发现需要做哪些纠正措施。

有些利益相关者也意识到那些性能指标本身并不像用来计算它们的信息一样重要。性能指标告诉利益相关者哪里有问题，而详细信息更有助于识别造成问题的具体索赔。一旦利益相关者想到办法确定有问题的索赔，性能指标本身就不再重要了。

实际上，在第二个版本进行到一半的时候，利益相关者和团队坐下来讨论剩余每个性能指标的计算工作。他们决定不再构建用来计算剩下的性能指标的自动化能力，而是把用来计算性能指标的数据公布出来，并利用他们对如何计算性能指标的理解来识别有问题的索赔。在大部分情况下，性能指标是某些周期时间的度量，所以一旦造成周期时间增加的索赔被识别出来后，索赔管理员就可以优先处置它们。此时，每个月看到一次性能指标就足够了，因为索赔管理人员相当确信他们在处理关键问题。

也是在这个时候，利益相关者决定不必将ICS信息和AU索赔关联起来。事实证明ICS并未提供对精算与核保有意义的信息。ICS数据被证明对于运营的目的（主要是过程中索赔）非常有用，以及利用已完成索赔对历史数据的处理和趋势的调查也有用，但对于AU索赔中的清洗数据却不需要。

9.5 经验总结

有时一个项目能够产生让组织靠近预期结果的变化，但有些变化必须发生之后才能让组织用各种方式达成预期的结果。在这个案例中，真正的价值不是来自于每天可以看到性能指标，而是来自将ICS数据和EDDIE数据关联起来以便优先处理索赔的能力。幸运的是，项目团队选择了一个能把他们指到这个方向的目标，而且一旦他们意识到哪些特性能够提供好处，他们就改变方法，关注那些能帮助数据关联的特性。最终，他们选择不再构建最后 5 个性能指标，而且不再把新数据和 AU 索赔关联起来。

这里实现的价值是使用敏捷方法经常提出的一个价值——响应不断变化的需求。这个例子证明随着不断变化的需求，经常会引入新的东西，同时它们会使得最初的一些需求变得不再必要。

这个项目团队也了解了学习的价值。在第一个版本发布之后不久，他们就意识到通过关注利益相关者如何使用他们交付的东西。他们能够改变计划，以便只用交付利益相关者认为有用的东西。这也意味着他们不必交付其他不再需要的特性。

第 10 章

案例研究：学生信息系统

10.1 简介

IT 项目并非仅限于具有 IT 部门的组织。在小型非营利组织中也存在 IT 项目，如深度思考学院（Deep Thought Academy）——这是一座小型非营利的私立学校。深度思考学院录取的孩子横跨幼儿园到八年级，并且以小班教学，以让学生得到个性化指导为荣。这个案例研究介绍了深度思考学院如何试图利用一个购买来的产品帮助他们解决招生和沟通的问题。

10.2 需要

学校试图让学生们跟上最新的技术，包括一门严重依赖使用笔记本电脑和平板电脑的课程。学校使用的运转技术，跟大多数非营利组织一样，似乎有一点落后。学生家长们每年都要填写同样的表格提供入学信息，且往往每年都提供相同的信息。入学费用的支付是通过正常的开票处理流程，包括生成 PDF 文件的发票，由学校会计发出给学生家长。然后学生家长必须寄回支票，以便从他们的支票账户自动取款，或通过信用卡进行自动付款。

每年的招生流程都是基于纸质的，非常痛苦。除了重复但又必要的学生和父母地址的更新（由于现代家庭存在的离婚、再婚等复杂情形）外，学校还必须收集州政府要求的学生健康信息，以及家庭可能需要的额外服务信息，如课前护理、课后辅导和加热的午餐。

这些信息写在纸质表格上，被送进学校办公室，所以需要花一些时间把所有关键信息转化为在必要时能够容易访问的格式。对家庭而言，填写表格非常耗时；

对学校工作人员，处理表格非常耗时。

学校管理人员已经逐步采用了电子邮件的方式与家长沟通，而且所有教师都有电子邮件账户，同时在学校也有技术能够访问这些账户。家长和老师之间的沟通并没有因为他们对技术的不同使用习惯而受到阻碍。

保证在线目录更新确实有点挑战，但家庭通常会找到方法来保持相关的联系信息及时更新。

这所学校在一年里有几次活动。大部分活动都是在学年开始时，但有一些会在学年之中发生。针对即将到来的活动，学校工作人员通常利用每周的学校通讯提供电子邮件提醒并且在家长接孩子的地方设立告示牌。

当学校董事会决定要对招生流程和沟通问题进行改进时，学校正在进行一次主要设施的升级工作。几年前，学校董事会当时决定通过每个年级招两个班学生的方式进行扩张。（截至当时，每个年级只有一个班，而每个班平均 15 个学生。）他们从幼儿园开始扩张，随着那个班进入小学之后，每个年级就都增加到了两个班。

这个项目在随后几年中的进展相当好，但就在讨论招生流程问题的同时，学校董事会意识到他们目前租用的教室空间不够用了。要得到更多空间，能用的方法只有迁移到新的大楼或者在现在的大楼里增加教室。学校的每个人都很喜欢现在的田园生活环境，所以他们更喜欢在现有的大楼里面增加教室。这项工作需要大量资金投资，而这意味着需要大范围的筹款并且会增加运营费用。

因此，在所有这些事情中，招生流程是一个做得不好的环节，而它每年只发生一次，并且不是一个大问题。单独来看，把这个过程自动化的解决方案可能有用，但它不能太贵，因为这不会增加很大的好处。为了学校尽快实现扩大招生，这个问题的解决也不能等太长时间——这是另一个重要的考虑因素，同时考虑到学校在添加新教室，每一年需要相应地填写所有课程。如果不改变招生过程，这会导致更加耗时。

为了从多个维度进行考虑，深度思考学院的董事会和工作人员可以利用基于目的的对准模型（参见第 12 章）来考虑。深度思考学院的基于目的的对准模型如图 10-1 所示。

这个模型显示前面介绍的所有活动都是校检活动。这些活动只在竞争对手也有的情况下，对深度思考学院才非常重要。在这个案例中，他们的竞争对手是其他公立和私立学校，共同竞争吸引同一批学生。具有一个很棒的招生流程不会起到吸引新学生的作用，但糟糕的招生流程会促使家长寻找其他学校。只有和市场中的其他对手存在差距时，改进校检活动的工作才能得到实施，即便在这样的情况下，改进工作也只是弥补差距。

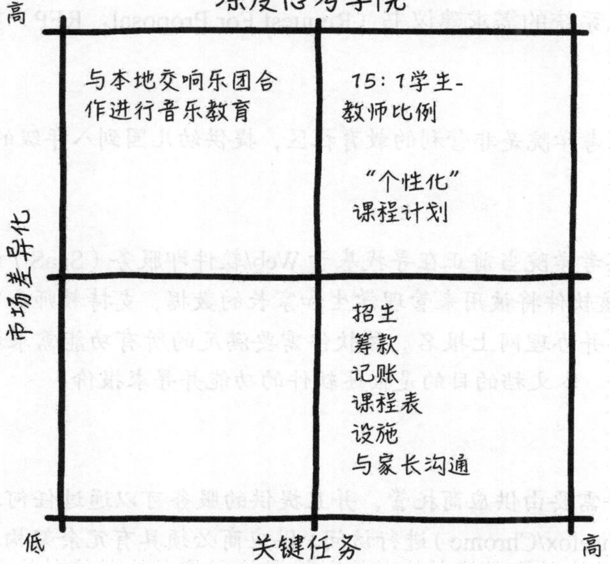

图 10-1 深度思考学院的基于目的的对准模型

因此，深度思考学院面对的第一个决策是他们在家长和教师之间的沟通、招生和学校目录的活动上是否存在差距。可能的差距是根本就没有这些活动——这里的情况显然不是这样——或者这些活动虽然有但很痛苦——对于招生活动确实是这样，但其他活动不是。

如果董事会认为解决招生过程的问题非常重要，而且其他问题不用解决的话，他们应该选择能够有效支持招生流程的解决方案，只要价格不是太贵即可。

学校的管理者也尝试了许多不同的方法来保证家长的信息更新，并帮助他们与教师之间建立联系。最主要的是，他们发现自己开始重新邮寄很有用的小册子——《深度思考学院家长指导手册》，或简称《指导手册》，并每年提供纸质的更新。当然，更新里包括一个学校目录，但在打印并邮寄之后很快就过时了。

学校董事会和管理者决定找到一个技术解决方案，来帮他们自动化招生流程，并提升家长、教师和工作人员之间的沟通。

10.3 可能的解决方案

因为深度思考学院内部没有 IT 部门，他们决定改进招生和沟通能力的唯一可行的方法就是购买一个系统。他们开始寻找学生信息系统（缩写为“SIS”）以帮助简化招生过程并确保家庭定期得到学校活动的通知。学校董事会的技术负责人草拟了学生信息系统的需求建议书（Request For Proposal，RFP）如下：

学校背景

深度思考学院是非营利的教育社区，提供幼儿园到八年级的教育。

目的

深度思考学院当前正在寻找基于 Web/软件即服务（SaaS）的“学生信息系统”。该软件将被用来管理学生和家长的数据，支持教师和家长之间的互动交流，并办理网上报名。该软件需要满足的所有功能需求参见“功能需求”小节。本文档的目的是描述软件的功能并寻求报价。

基础设施

该软件需要由供应商托管，并且提供的服务可以通过任何现代浏览器（IE/Safari/Firefox/Chrome）进行访问。供应商必须具有冗余架构和故障安全的过程和机制以确保：

- 系统上托管的数据每天备份且远程存档；
- 基于 Web 的软件托管在多个负载均衡的服务器和/或基于云的架构上，如亚马逊 AWS 服务；
- 当敏感信息在网络中传输时需要提供 SSL 连接。

用户

系统的用户将是家长和工作人员。我们现在有 190 名学生和 20 名工作人员。

功能需求

1. 认证、角色和权限

系统必须对用户进行身份验证，并允许灵活的角色和权限分配（例如，一名家长不能更新另一名家长的信息）。

2. 学生/家长目录

学生和家长目录是一个可搜索的数据库，能够让家长按照年级浏览。家长可以选择：

a. 更新联系信息，如地址、电话号码和电子邮件地址；
b. 将他们的信息标为隐私，从而只有学校员工才能查看；
c. 基于一定的标准（如班级）导出目录到 CSV、Excel 或 PDF 文件。

3. **工作人员目录**

工作人员和家长能够通过名字进行查找，或根据年级和工作职能浏览目录。

4. **日历**

系统必须支持多个日历的创建（例如，每个班级一个日历）。每个日历需要有权限支持，从而只有特定的工作人员和/或家长才能更新或编辑活动。最后，日历必须支持 iCalendar/iCal 的标准格式，从而工作人员和家长能够使用他们喜欢的日历软件订阅该日历。

5. **网上报名**

系统必须支持网上报名。通过 SSL 连接进行信用卡和/或自动化（ACH）交易必须支持。与 QuickBooks 集成的软件优先但并非必须。如果系统没有和 QuickBooks 集成，网上报名的数据必须能够导出为 CSV 或 Excel 格式。

6. **家长/班级门户**

每个班级的教师能够访问家长的门户，以便张贴班级信息和笔记。家长必须通过身份验证才能访问门户。最好有一个论坛供家长和教师进行交流、互动并分享想法，但这不是必需的。

技术负责人把 RFP 发给其他董事会成员收集意见，并发给几位这种类型系统的供应商。

有些董事会成员问到在他们要为增加设施筹集数百万美元的同时，增加这个 SIS 是否是明智之举。另一些董事会成员指出市场上大部分学生信息系统都是基于订阅的——通常每个用户每个月一定的费用——因此增加的成本主要是运营成本。学校甚至能从减少工作人员处理招生和沟通的时间中看到一些费用的节省（虽然肯定不够抵消 SIS 的成本）。

董事会也讨论了如何决策使用哪个学生信息系统。（这些董事会成员已经假定这一定会发生，并主要关注哪个解决方案会被使用。）他们问到是否有一些特性比另一些更加重要。技术负责人评论说所有这些系统都有了大部分特性，因而可能最终会归结为成本问题。

我们假定深度思考学院的董事会决定使用 SIS 是合理的。接下来我们看看 RFP，以便发现改进机会并找到当前版本的 RFP 的潜在问题。

目的

深度思考学院当前正在寻找基于网络（Web）/软件即服务（SaaS）的“学生信息系统”。该软件将被用来管理学生和家长的数据，支持教师和家长之间的互动交流，并办理网上报名。该软件需要满足的所有功能需求参见“功能需求”小节。本文档的目的是描述软件的功能并寻求报价。

这一目的描述，掉进了项目介绍文档常见的陷阱：他们直接跳到解决方案的描述，而完全没有解释问题。当然，大多数供应商喜欢这种方式，特别是如果写 RFP 时心里装着他们的产品就更加高兴。但这会深深的伤害深度思考学院，因为这缩小了他们的选择范围。对于一些 RFP，这是故意缩小的。不利的是，深度思考学院可能只能选择购买一个非常昂贵的、包含所有功能的解决方案，然而他们真正需要的只是一种加快招生流程的方法。

解决方案的核心要求是基于 Web/SaaS，这是合理的，因为学校没有 IT 部门，但这仍然限制了他们的选择。他们这里真正需要的是一个无需他们自己维护的系统。而基于 Web/SaaS 的技术通常是交付这种能力的方式，但却无需指定这一点。RFP 应该指出学校真正的需要所在。

下一段描述的是非功能需求，但太具体了。

基础设施

该软件需要由供应商托管，并且提供的服务可以通过任何现代浏览器（IE/Safari/Firefox/Chrome）进行访问。供应商必须具有冗余架构和故障安全的过程和机制以确保：

- 系统上托管的数据每天备份且远程存档；
- 基于 Web 的软件托管在多个负载均衡的服务器和/或基于云的架构上，如亚马逊 AWS 服务；
- 当敏感信息在网络中传输时需要提供 SSL 连接。

与其这种具体的描述，不如 RFP 这么写：

- 我们的用户通常使用 IE9 及以上版本，Safari，或 Chrome；
- 我们希望系统足够安全；

- 我们希望每天晚上进行备份；
- 我们希望系统 24×7 可用（可能规定维修停机的时间）。

这里可能遗漏了其他条件，如系统必须支持一共多少用户和多少并发用户。实际上，这个特定应用的性能需求应该不用太繁重，因为用户总数少于 1000 人。此外，功能虽然很重要，但不是核心任务，无法和空中交通管制系统相提并论，所以可用性需求也要相应地进行设置。

最后是功能需求。

功能需求

1. 认证，角色和权限

系统必须对用户进行身份验证，并允许灵活的角色和权限分配（例如，一名家长不能更新另一名家长的信息）。

2. 学生/家长目录

学生和家长目录是一个可搜索的数据库，能够让家长按照年级浏览。家长可以选择：

a. 更新联系信息，如地址、电话号码和电子邮件地址；
b. 将他们的信息标为隐私，从而只有学校员工才能查看；
c. 基于一定的标准（如班级）导出目录到 CSV、Excel 或 PDF 文件。

3. 工作人员目录

工作人员和家长能够通过名字进行查找，或根据年级和工作职能浏览目录。

4. 日历

系统必须支持多个日历的创建（如每个班级一个日历）。每个日历需要有权限支持，从而只有特定的工作人员和/或家长才能更新或编辑活动。最后，日历必须支持 iCalendar/iCal 的标准格式，从而工作人员和家长能够使用他们喜欢的日历软件订阅该日历。

5. 网上报名

系统必须支持网上报名。通过 SSL 连接进行信用卡和/或自动化（ACH）交易必须支持。与 QuickBooks 集成的软件优先但并非必须。如果系统没有和 QuickBooks 集成，网上报名的数据必须能够导出为 CSV 或 Excel 格式。

6. **家长/班级门户**

每个班级的教师能够访问家长的门户，以便张贴班级信息和笔记。家长必须通过身份验证才能访问门户。最好有一个论坛供家长和教师进行交流、互动并分享想法，但这不是必需的。

这里的需求混合了非常具体的需求——没错，也缩小了选择范围——和比较通用的需求。此时，RFP 应该描述用户在每种情况下希望完成的事情，并提供足够的背景信息以便供应商判断他们的产品能否支持用户完成这些事情。用户故事在描述这种信息时非常有用。在有些情况下，用户故事需要细节补充，例如，在网上报名时学校需要收集哪些信息，或者用户的不同类型有哪些（在这个例子中我能看到有教师，学生，家长和学校管理人员）。

10.4 经验总结

深度思考学院仍然在寻找 SIS 的过程中，但它为非营利机构处理 IT 项目已经总结了一些有用的经验教训，特别是当你没有充足的人员和经验丰富的 IT 部门并只能依赖采购解决方案应对大部分 IT 需求的情况时更是如此。

非营利组织也可以使用基于目的的对准模型。在这种情况下，差异化活动就是跟非营利组织使命相关的事情。深度思考学院的使命是教育学生。基于目的的对准模型也会告诉他们，如果一个能够处理招生流程的解决方案也能提供个性化的课程计划，这个额外的优点将使该解决方案脱颖而出。个性化课程计划是差异化活动，这意味着如果深度思考学院这件事做好的话，就能比竞争对手吸引更多学生。

从整个组织的宽广视角考虑项目。在深度思考学院的案例中，董事会应该考虑，在学校需要建立大量增加的设施并为此付费的同时进行一个重大的技术项目，是否合理。

注意寻找问题的解决方案。在这个案例中，首先要思考的问题是“需求到底是什么？”该项目启动时是搜索一个能处理每年招生流程的解决方案。但基于纸质的招生流程是否麻烦到值得投资一个学生信息系统，这一点是不清楚的。最有可能的情况是技术负责人看到一个吸引人的 SIS，于是想“我必须给自己弄一个”，但没有真正理解要解决的问题。或者说，就算确实能解决问题，也并不了解这个问题是否值得解决。

并非所有项目都产生直接的财务收益。我们暂且假设这个项目确实解决了一个问题。即便这一工作正在进行，以便弥补一些流程上的差距。该项目可能会，也可能不会真正节约成本。因为目前工作人员在处理招生流程，所以招生流程的任何改进都无法推动直接的成本节省，因为招生流程本身并不是一个全职工作。它确实会释放人力去做其他事情，所以肯定有收益。除非将避免招聘额外人力的成本计算在内，但也很可能看到的影响是只部分抵消了 SIS 的成本。我提到这一点是为了指出，直接的成本收益计算无法表明这个项目是合理的，而且很可能无法得到投资回报。相反，成本信息有利于比较不同的方案。这肯定不能让工作人员和董事会尽可能客观，但仍然提供了帮助决策的信息。

这不是说成本收益分析是没用的，只是说它无法用数字告诉董事会是否要购买 SIS。它只能提供特定的信息，有利于结合更多主观信息比较不同的选项。当然，其中一个选项是什么也不做。

要小心书写需求建议书和一般需求。如果你写的需求太具体，可能会因为过度描述期望的解决方案而无意中淘汰了可行方案。

第三部分　技　　术

第11章 理解利益相关者

11.1 简介

有一句话我经常听到，而且自己也常说——如果不涉及人的话，IT 项目会更容易推进。但事实不是这样——项目不但涉及人，而且人还是项目最重要的方面。IT 项目的主要目的是改变人们的工作内容或者工作方式，所以要弄清楚如何跟人们最好地合作。

本章介绍的一些技术有助于了解正在和你一起工作的人。前两个技术有助于你理解你正要满足他们的需要的这些人——也被称作利益相关者分析。本章介绍的另两项技术有助于读者更好地理解真正使用解决方案的人，我们称之为用户分析。

11.1.1 利益相关者分析

这里说的“利益相关者”是什么意思呢？BABOK v3 中利益相关者的定义是：与变更、需要或解决方案相关的团体或个人。这是一个相当宽泛的定义，包含与解决方案相关的每一个人。本书只关注其中的一个子集，即解决方案试图满足其需要的人——换句话说，就是项目发起人、行业专家、用户、监管机构、服务提供商以及任何可能影响解决方案或受解决方案影响的人。请注意，这些人可能来自业务部门，也可能来自 IT 部门。技术人员也有需求，并且经常可以从不同的视角提供可能的解决方案。例如，IT 支持人员跟其他 IT 人员相比，与最终用户的互动非常密切，因而他们可能对最终用户面对的问题具有非常深入的洞察。

因此，对利益相关者进行分析，是为了对利益相关者有更好的理解而采取的行动。通常它的目标是找到最好的方式跟他们进行沟通、建立联系并一起工作。下面介绍的两种技巧能够指导与利益相关者的对话，并建立一个与他们合作的工作计划：

- 利益相关者地图旨在分析利益相关者的相对影响和利益，从而能够决定如何跟他们打交道；
- 承诺量表针对利益相关者提供给项目的支持程度进行讨论。这一讨论能为如何跟他们打交道以及需要做什么类型的变更活动才能得到利益相关者的支持提供一些想法。

11.1.2　用户分析

利益相关者中的一个特殊人群就是要使用你所交付的解决方案的人，即用户人群。用户分析帮助你理解谁使用解决方案，他们可以做什么，以及他们的使用环境。你可以利用这些信息来指导设计决策和权限结构，以便人们能够做他们要做的，并且避免做他们不该做的。下面介绍的两种技术有助于围绕这些想法展开对话并在推进项目过程中保留有用信息：

- 用户建模针对解决方案涉及的用户角色展开对话，以便得到一个统一的角色列表，从而可以根据这个列表对工作进行组织并识别其中遗漏的功能；
- 人物角色帮助团队理解用户所在的情境，从而有助于指导设计决定。

11.2　利益相关者地图

11.2.1　定义

利益相关者地图是用于利益相关者分析的常用技术。使用利益相关者地图可以引导对话，帮助团队理解项目的利益相关者是谁，这些利益相关者的关键特征是什么，并确定如何进一步跟这些利益相关者打交道。

利益相关者地图的主要结果包括：

- 项目所涉及的利益相关者的详细列表；
- 如何与这些利益相关者打交道的初步想法。

11.2.2　例子

图 11-1 是佣金系统项目的利益相关者地图。注意项目团队中除了 Arthur 之外的其他人并未出现在地图中。如果要把他们加入地图，他们都会出现在右上象限中——高影响力，高度利益相关。

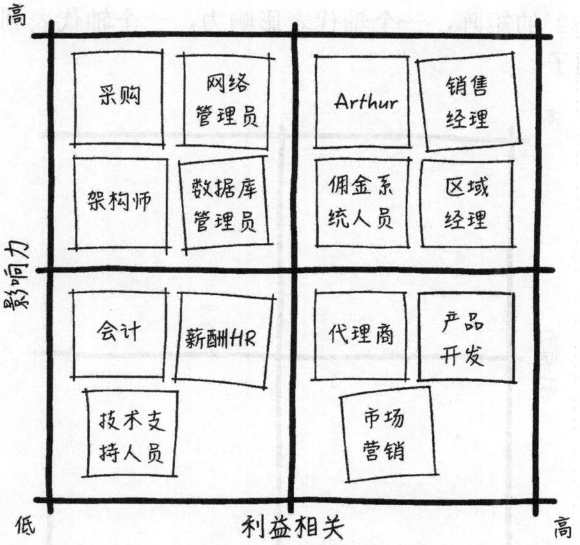

图 11-1 佣金系统的利益相关者地图

11.2.3 何时使用

在所有情况下，利益相关者地图都可以使用。然而，是否使用取决于当前的项目是否涉及新的利益相关者，抑或是整个团队已经在一起工作了一段时间。因为新的利益相关者的加入通常会促使团队更加严格并有目的地创建地图。

11.2.4 为什么使用

通过显式地使用利益相关者地图进行讨论，能够降低团队遗忘某些人的可能性，而这些人要么会被项目影响，要么可以对项目施加影响。于是，团队也得到了一个更好的机会，可以与利益相关者进行高效地互动。

11.2.5 如何使用

（1）**产生利益相关者列表。**

把团队召集在一起，给大家提供便签纸，鼓励大家想出尽可能多的利益相关者。在进行下一步之前，可以对识别出的利益相关者按照关系进行分组，从而可以删除重复的部分，得到一个易于管理的利益相关者列表。

（2）**根据特点绘制利益相关者地图。**

可以使用不同的特点来理解你的利益相关者，但通常会选择利益相关者的影响力（通常称作他们的权力）和他们的利益相关程度来表示。

创建一个 2×2 的矩阵，一个轴代表影响力，一个轴代表利益相关程度。如图 11-2 所示的例子。

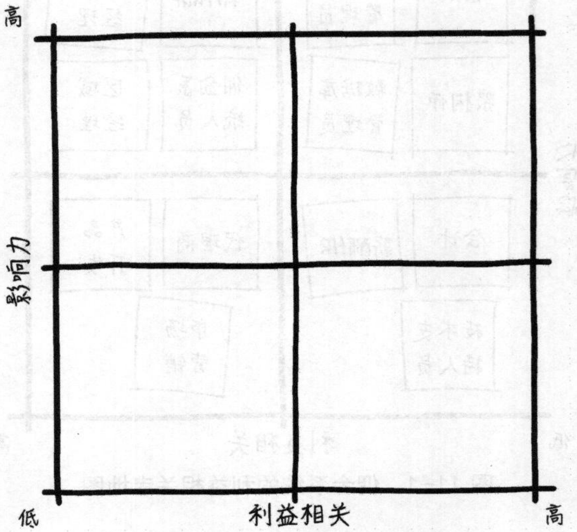

图 11–2 空的利益相关者地图

（3）**根据特点建立利益相关者的参与计划。**

利用每个象限作为指导，根据特点确定如何吸引利益相关者参与。团队需要考虑将利益相关者放入哪个象限，并建立相应的方法来吸引他们参与（见图 11-3）。

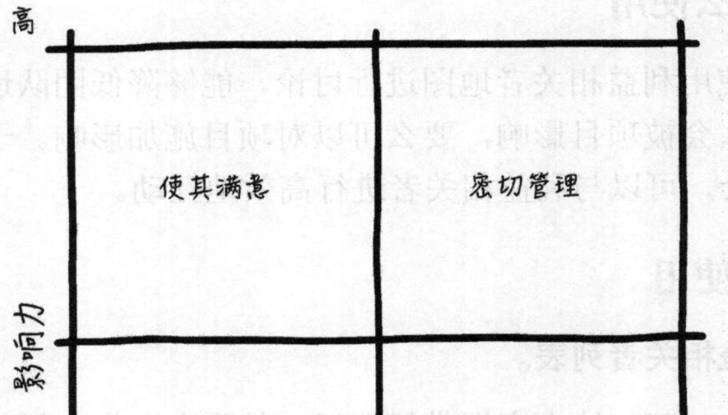

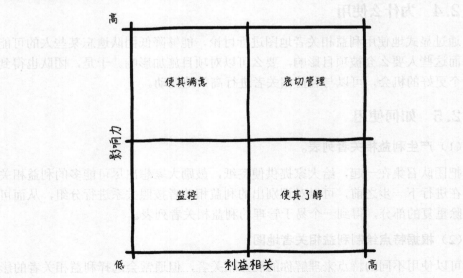

图 11–3 利益相关者地图以及相应的行动

1. 低影响力/低利益相关——监控

这些利益相关者通常只是部分地受到解决方案影响。佣金系统（参见第8章）中的会计就是这类利益相关者的一个例子。一般信息对于这类利益相关者就足够了，可能只让他们知道从哪里能够得到信息也是可以的，这样就由他们自己决定是否要利用这些信息。在项目过程中留意这些利益相关者，确保他们的利益或影响力不会发生改变，这是有好处的。

2. 低影响力/高利益相关——使其了解

具有这类特点的利益相关者是项目详细信息的一个来源，因而理解他们的需求并征求他们的意见非常重要。确保理解他们对这个项目的看法，如果他们发现自己的担忧没有得到解决，他们会请更多有影响力的人帮忙。一些行业专家和最终用户经常处于这个象限。在佣金系统的例子中，代理商就是这一类利益相关者，因为他们非常关心佣金系统是否工作正常（否则他们就得不到报酬），但他们的影响力有限，因为项目的主要关注点是确定流程如何运行。

3. 高影响力/低利益相关——使其满意

这个群体通常包括在组织架构中具有重要位置但和项目又没有直接关系的人。在佣金系统的例子中，采购、架构师、数据库管理员和网络管理员，属于这一类，因为虽然他们并不直接参与项目，但仍然可以发挥很大的影响力。项目团队应当邀请这群利益相关者参与，并且要在他们的需要和项目的总体目标一致时，理解并满足他们的需要。经常向这些利益相关者征询关键问题是有好处的，但并不用每个决定都去征询。你也可以考虑一下，如果让这些利益相关者对项目更加感兴趣的话，项目是否会从中受益。

4. 高影响力/高利益相关——密切管理

项目团队应当和这类利益相关者充分沟通，这一般包括项目发起人和高影响力的行业专家。有可能的话，这些利益相关者应该作为项目团队的成员。

11.2.6 警告和注意事项

应该在项目开始时使用利益相关者地图进行讨论，但同样重要的是要定期重新审视地图，特别是在业务环境或项目目标发生变化时，或者得到的重大的新见解足以改变利益相关者在项目中的利益时更要如此。组织架构调整的话也需要重新分析，因为这可能导致利益相关者的影响力产生变化。

通常，衡量利益相关者利益的最好办法是直接跟他们讨论对项目的看法。确定他们的影响力可能有点儿困难，因为个人对自己的影响力有夸大的倾向。这些讨论最好在项目核心成员间展开。

11.2.7 附加资源

Gamestorming. “Stakeholder Analysis.” www.gamestorming.com/games-fordesign/stakeholder-analysis/.

MindTools. “Stakeholder Analysis.”www.mindtools.com/pages/article/newPPM_07.htm.

注释：这两个资源描述了同一个活动，但有两个主要区别。对如何用高度协作的方式进行利益相关者分析，游戏风暴（Gamestorming）的文章提供了更加详细的说明。另外，这两种方法的坐标轴进行了切换。但这两种方法都提供了一种理解利益相关者的手段，从而可以为他们建立沟通计划。

11.3 承诺量表

11.3.1 定义

承诺量表是一种利益相关者分析技术。这一技术能够衡量利益相关者当前对项目的承诺水平，也可以分析为了确保项目成功所需的承诺水平。

11.3.2 例子

佣金系统的项目团队在创建了利益相关者地图之后，他们认为讨论每个群体对项目的承诺水平也是有好处的。他们得到的量表，如图 11-4 所示。

11.3.3 何时使用

当新项目尚未获得所有利益相关者明确且无异议的支持时，或者当项目所在的组织架构发生了重大变更时，使用承诺量表是非常合适的。当团队和一群之前没有合作过的利益相关者在一起工作时，使用承诺量表也是有帮助的。

在项目开始时（例如，在迭代 0 的时候）团队使用承诺量表进行讨论是一个不错的主意，从而在项目早期就可以建立吸引利益相关者参与项目的计划。

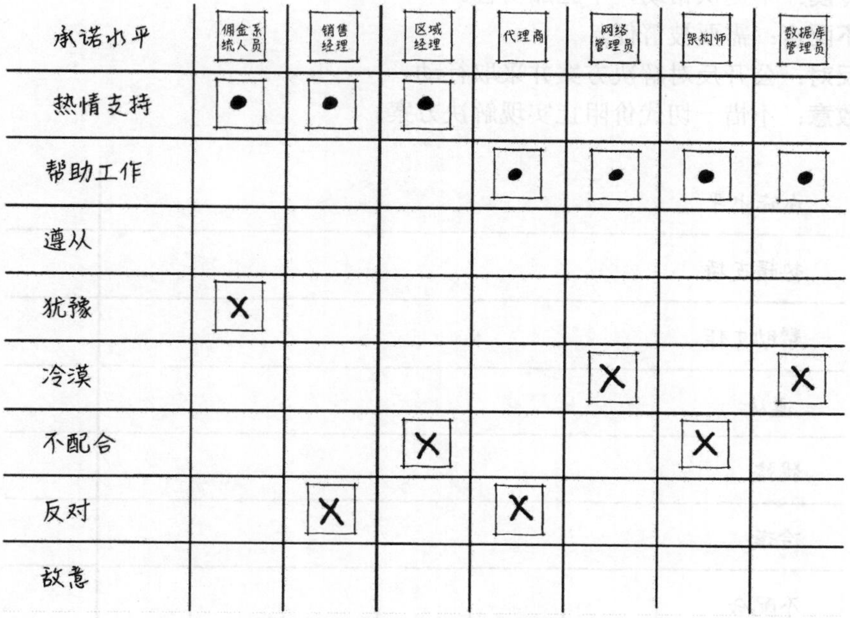

承诺水平	佣金系统人员	销售经理	区域经理	代理商	网络管理员	架构师	数据库管理员
热情支持	●	●	●				
帮助工作				●	●	●	●
遵从							
犹豫	X						
冷漠					X		X
不配合			X			X	
反对		X		X			
敌意							

图 11-4　佣金系统的承诺量表

11.3.4　为什么使用

关于如何跟利益相关者进行互动，承诺量表非常适合用来指导跟他们的对话。团队成员可能对项目的一些利益相关者的印象有不同的假设。这一技术可以让这些假设浮出水面，从而帮助团队确定相应的行动，以便为项目获得更多支持。

11.3.5　如何使用

（1）把团队召集在一起，并解释大家需要讨论的是如何跟不同的利益相关者合作。

（2）在白板上画一个如图 11-5 所示的图表。

不同的承诺水平的定义如下。

热情支持：努力工作，使其发生。
帮助工作：提供适当的支持以实现解决方案。
遵从：仅仅完成最低限度，并会尽量降低标准。
犹豫：有一些保留，不会自愿加入。

冷漠：不提供帮助，不施加伤害。

不配合：需要被督促。

反对：公开反对解决方案并采取行动。

敌意：不惜一切代价阻止实现解决方案。

承诺水平							
热情支持							
帮助工作							
遵从							
犹豫							
冷漠							
不配合							
反对							
敌意							

图 11–5　空白的承诺量表

（3）确定团队需要讨论的关键利益相关者。从小组讨论开始，但团队可能会找出一些有影响力的人，他们需要单独讨论。

（4）对于每一个利益相关者，团队一起讨论他当前的承诺水平，以及为了项目成功所需要的承诺水平。使用便签纸来表示承诺的当前水平和期望水平是有帮助的，因为团队的看法会在整个讨论过程中发生变化。参见上面的例子。

（5）在确定承诺的当前水平和所需水平之后，要确定所需要采取的行动，以便把利益相关者从当前的承诺水平推进到期望水平。这些行动将会影响你如何进一步跟利益相关者打交道。

11.3.6　警告和注意事项

有些人认为承诺量表的信息在本质上是有争议的，所以最好使用信息量表引导对话并确定行动方案，而不必执着于量表本身。

量表中包含的信息并不是团队能够通过直接询问利益相关者可以获得的信息。正因为如此，团队可以使用这个技术作为讨论的触发器，在讨论中团队可能会发现大部分信息来自于某些具有洞察力的人——特别是他们的观察与讨论——这些人针对不同的利益相关者具有敏锐的洞察，如针对项目发起人的洞察。

这个技术重点关注的是在项目团队之外的利益相关者，但通过讨论，团队可能会发现需要邀请一些人参与到项目团队中来，因为这些人要非常支持项目并深度参与才行。

并非每个利益相关者都要达到“热情支持”的程度才能使得项目成功。

11.3.7　附加资源

Rath & Strong Management Consultants. *Rath & Strong's Six Sigma Pocket Guide*. Rath & Strong, 2000.

11.4　用户建模

11.4.1　定义

用户是从解决方案中获得价值的人。用户既包括和解决方案直接交互的人，也包括并不直接交互但从解决方案中可以获得价值的人。

用户建模技术可以为解决方案建立常见的并达成一致的用户角色列表。这个用户角色列表和相应的描述为用户故事和其他待办事项提供了有用的情境信息。

你可以把用户建模作为利益相关者分析的一个方面，这个技术主要用来关注跟解决方案交互的人或从中获得价值的人。

11.4.2　例子

会议投稿系统的项目团队对用户角色进行了建模，并利用这些用户角色组织故事地图。如下就是我们得到用户角色列表所使用的步骤。我们使用这个方法最终创建了产品待办列表。

1. *头脑风暴一组初始的用户*

我们每个人都拿了一沓索引卡片，在上面写下用户角色，然后把卡片放到桌子中间。这样做是为了确保我们不会过早地关注某个特定的用户角色。我们最终得到了如图 11-6 所示的用户角色列表。注意，在这里我们也包含了系统和团队角色，因为我们并不想现在就过滤想法，而且这些条目可能激发我们发现其他应该包含的用户角色。

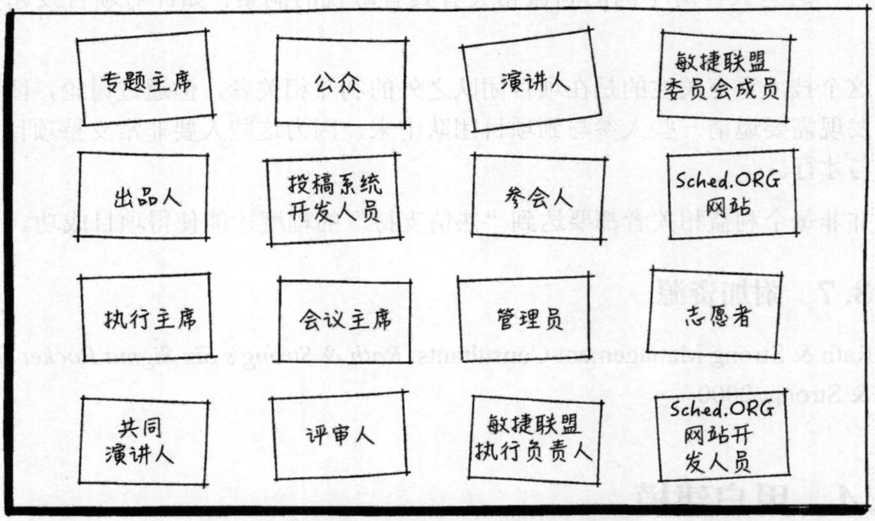

图 11-6　会议投稿系统的初始用户角色

2. 组织并整合不同用户

下一步，我们按照某种含义将卡片分成几组，如图 11-7 所示。

同时，我们也扔掉了如下卡片：

- 投稿系统开发人员；
- 敏捷联盟执行负责人；
- 敏捷联盟委员会成员；
- Sched.ORG 网站；
- Sched.ORG 网站开发人员。

为什么这么做？因为用户故事的用途，我们不希望那些实际构建解决方案的人成为一个用户角色。通常来说，如果他们要使用解决方案，会以其他角色来使用。我们只想包括那些希望从解决方案中获得收益的人所对应的角色。如果涉及其他系统的话，是因为有人可以通过那个接口完成什么事情，所以应该建模那个人所对应的角色。最终，我们也没有把执行负责人和委员会成员包括在内，因为当他们使用解决方案时，他们会使用已有的角色。

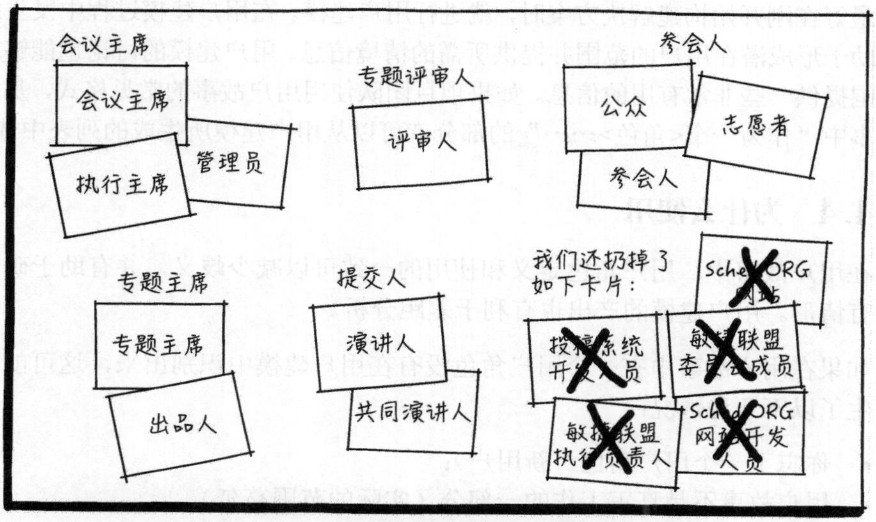

图 11–7 会议投稿系统整合后的用户角色

3. 细化用户角色

最后，我们把每个角色和简短描述放在一起，如表 11-1 所示，从而我们对每个用户角色的特点形成了共识。

表 11-1 用户角色和描述

用户角色	描述
主席	对会议议程整体负责。会议主席也作为会议投稿系统的管理员
专题主席	负责为给定专题挑选议题。向会议主席提供最终的专题建议。同时为其专题协调评审委员会
专题评审人	评审一个或多个专题的投稿并对哪些议题应该包含在专题中提供建议，同时向演讲人提供议题改进的反馈
提交人	提交议题以便被包含在会议议程中，并且一旦被选中就会是该议题的主要演讲人。可以提交议题并编辑自己的议题，同时回复议题的反馈
参会人	会议信息的一般观众，可能会参加会议也可能不参加。可以查看一些议题提议的信息

11.4.3 何时使用

当所构建的解决方案有大量用户交互，且有多种不同类型的用户，还需要使他们能执行不同的活动或访问不同的功能时，用户建模技术特别有用。

最好在刚开始构建解决方案时，就进行用户建模。在用户建模过程中发生的讨论有助于形成潜在用户的范围并提供所需的情境信息。用户建模的讨论也能够对项目范围提供一些非常有用的信息。如果项目团队使用用户故事的常见格式，那么用户故事中“作为一个<角色>……”的部分就可以从用户建模所生成的列表中选择。

11.4.4 为什么使用

在用户故事中，用户角色定义和使用的一致可以减少歧义，并有助于确保覆盖所有情形。用户建模的产出也有利于差距分析。

如果在用户故事中有一个用户角色没有在用户建模中识别出来，这可能意味着发生了以下几种情况：

- 你忘了一个用户角色（新用户）；
- 用户故事不是真正工作的一部分（实际的范围蔓延）；
- 在用户故事中使用了错误的用户角色。

如果有的用户角色没有相关联的用户故事，则可能是如下情况：

- 你还没有分析那个用户角色；
- 你遗漏了用户故事；
- 你识别了一个无关的用户角色。

11.4.5 如何使用

用户建模有 3 个主要步骤。

（1）**头脑风暴一组初始用户**。把团队召集起来，请团队成员把想到的用户写在索引卡片上（或便签纸上），并放到桌子上（或贴在墙上）。此时不要评论任何提出的用户角色。

（2）**组织并整合不同用户形成用户角色**。团队成员一起把索引卡片组织成相似的类别，可以使用任何看上去合理的排列规则。

- 利用空间的不同位置将卡片分组，从而得到相似和重叠的用户。
- 删除跟解决方案无关的用户卡片。这包括不受解决方案影响的用户，与 IT 项目目标无关的角色，以及从项目范围中明确删除的用户。
- 为每一组创建一个标题卡片，代表解决方案的一类用户角色。

（3）**细化用户角色**。一旦你通过头脑风暴得到了一份清单，就要仔细检查并确定是否有用户角色遗漏。可以考虑如下用户角色，以便“强化”解决方案。

- 滥用者：想想那些试图滥用系统的人，并增加特性阻止这些滥用行为。
- 未使用者：想想那些抵制使用系统的人，并考虑是否有值得添加的特性以鼓励他们使用。

当团队认为已经识别出所有用户角色，就可以为每个角色准备一个简短的描述，从而团队就会对每个用户的特点形成共识。团队也可以考虑创建一些轻量的人物角色作为结构化的描述。

11.4.6 警告和注意事项

用户角色不应该是具体的某个人，而应该是一组人。例如，“Fred”不是用户角色，而“索赔管理员”是。如果团队决定使用人物角色（persona），就会在人物角色的描述中看到人物名字。

用户角色应当代表的是某一类人，而不是其他系统。如果确实需要在解决方案和其他系统之间的接口，那么一定有某些人从这个接口中获得了价值。所以使用用户角色代表这一类人。注意，我们使用用户角色技术，是用来识别从解决方案中获得收益或通过解决方案实现某些事情的关键角色。确定用户角色的目的不是要识别所有跟解决方案交互的所有外部代理（在这种情况下，确定外部系统是有用的）。

当创建用户角色时，考虑这些角色在解决方案中具有哪些权限是有意义的。用户群可能有不同的名称但可以做同样的事情，如初级索赔管理员、高级索赔管理员、特级索赔管理员。在这种情况下，所有这些用户都可以用相同的用户角色表示。另一方面，如果具有类似名称的人可以做不同的事情——索赔处理员，索赔接收员，索赔审核员——那么可以用不同的用户角色来表示，并且使他们具有不同的权限。

你通常会希望在用户建模活动中包括尽可能多的团队成员。他们可能具有其他人所没有的视角，而且在讨论决定最终叫什么用户角色以及如何分组时，能提供大量的信息，这对项目后续的定义、构建和测试活动非常有帮助。

11.4.7 附加资源

Cohn, Mike. *User Stories Applied: For Agile Software Development*. Addison-Wesley, 2004, Chapter 3, “User Role Modeling.”

Patton, Jeff. “Personas, Profiles, Actors, & Roles: Modeling Users to Target Successful Product Design.” http://agileproductdesign.com/presentations/user_modeling/index.html.

11.5 人物角色

11.5.1 定义

人物角色定义了解决方案的典型用户，他们对理解用户角色使用解决方案的情境非常有帮助，并有利于指导设计决策。人物角色来源于 Alan Cooper 的以用户为中心的设计的工作。

11.5.2 例子

图 11-8 是会议投稿系统的一个人物角色的例子。

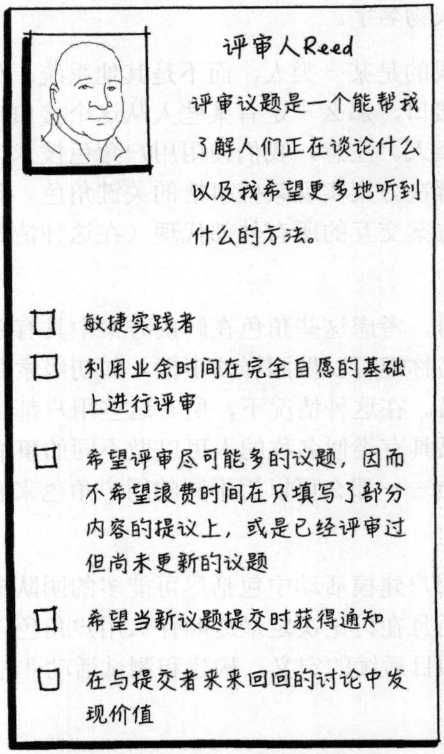
评审人Reed
评审议题是一个能帮我了解人们正在谈论什么以及我希望更多地听到什么的方法。
敏捷实践者
利用业余时间在完全自愿的基础上进行评审
希望评审尽可能多的议题，因而不希望浪费时间在只填写了部分内容的提议上，或是已经评审过但尚未更新的议题
希望当新议题提交时获得通知
在与提交者来来回回的讨论中发现价值

图 11-8　评审人人物角色 Reed

11.5.3 何时使用

当解决方案涉及大量用户交互时，人物角色技术特别有用，此时用户所处的情境会对他们使用解决方案的方式产生巨大影响。

人物角色是一种良好的技术，经常和用户建模技术一起结合使用。

11.5.4 为什么使用

人物角色技术为用户提供了情境信息，通过提供名字、头像和每个用户角色的故事来指导设计决策，并且帮助团队成员理解用户的工作和他们所处的环境。人物角色不需要详尽说明，一个简短的描述就足够了。只要把人物角色张贴在团队的办公空间，就可以提醒团队成员用户是谁。

当团队提出不同的人物角色的时候，他们就对为谁构建解决方案达成了共识。从而能够建立更加符合需求的解决方案。

11.5.5 如何使用

一旦确定了与解决方案相关的用户角色，就可以为每个用户角色创建人物角色。Jeff Patton 建议一个人物角色包含如下特征是有帮助的：

- 名字；
- 角色或职位；
- 引用人物自己的原话；
- 相关的人口统计学属性；
- 可以揭示目标、动机和痛点的描述；
- 这类用户主要参与的活动的描述。

如下是一种创建人物角色的协作方式。如果房间内有大嗓门的话，如下方式特别有利于降低这种影响，并确保团队的每个人都有机会发表意见。

- 将团队分成小组，每个小组 3～4 个人。
- 在房间里张贴好白板纸，每张白板纸代表一个人物角色。
- 让每个小组选择一张白板纸开始，给他们 20 分钟创建一个人物角色的草稿。
- 20 分钟结束后，让每个小组顺时针移动，但确保有一个人留下来介绍他们之前得到的结果。新的小组有 5 分钟来讨论并修改这个人物角色。
- 继续移动，直到小组人员回到他们最初创建的人物角色时停止。

11.5.6 警告和注意事项

人物角色最初由 Alan Cooper 在介绍以用户为中心的设计时提出，这一技术还是相当复杂的。我的建议是使用人物角色技术背后的理念，只提供 2～3 个关键用户角色的简单但有用的描述。目标是当制定设计和构建解决方案的决策时，可以为团队提供一些所需的情境信息。

为了真正发挥作用，应该在实际环境中观察那些用户角色对应的人，在此基础上开发人物角色才真正有效。

人物角色有利于防止团队为自己设计解决方案，这是非常重要的，除非所构建的解决方案的主要用户真的是他们自己。

在人物角色的名字和用户角色之间经常使用头韵（如评审人 Reed、投稿人 Sally）。虽然这并不是必需的，但这有利于人们记住他们正在谈论谁。

要让人物角色真正有用，就要把它们公开张贴起来并能让团队在完成一个具体的用户故事时，可以参考这些人物角色。当团队问的问题是“在这种情况下 Reed 想怎么样呢？”而不是问“在这种情况下评审人想要什么呢？”，这时团队才真正理解了人物角色。

11.5.7　附加资源

Ambler, Scott. “Personas: An Agile Introduction.” www.agilemodeling.com/artifacts/personas.htm.

Cooper, Alan. *The Inmates Are Running the Asylum: Why High-Tech Products Drive Us Crazy and How to Restore the Sanity*. Sams Publishing, 2004, Chapter 9.

Patton, Jeff. “Personas, Profiles, Actors, & Roles: Modeling Users to Target Successful Product Design.” http://agileproductdesign.com/presentations/user_modeling/index.html.

第 12 章

理解情境

12.1 简介

“具体问题具体分析”是一句经常被过度使用的话，特别是对咨询师或那些试图避免回答问题的人来说（有些人会说这是一句多余的话）。事实上，适当的技术真的非常依赖于工作所处的情境。并且 IT 项目情境最大的贡献来源之一就是组织本身的特点及其战略。如果组织战略没有清晰阐述过的话，IT 项目团队可能需要一些讨论以便理解组织的战略。本章介绍的技术也可以用来理解组织的部分战略，特别是直接受该 IT 项目影响的部分。

本章介绍了一组有利于理解团队所处的组织架构背景的技术。

- 基于目的的对准模型：用于决定如何根据所支持的组织活动来开展项目。
- 六个问题：有利于确定组织的目的。
- 情境领导模型：有助于识别项目所面临的关键风险并建议利用分析及文档的方式来解决这些风险。

这些技术是互补的，经常要同时使用才能得到最好的结果。

12.2 基于目的的对准模型

12.2.1 定义

基于目的的对准模型（见图 12-1），由 Niel Nickolaisen 创建，是一个围绕目的将业务决策、流程和特性设计对齐的方法。有一些决策和设计的目的是为了让组织在市场中差异化；而大多数其他决策的目的是为了实现并保持与市场的一致。如果有些活动不需要卓越运营的话，要么可以找合作伙伴来实现差异化，要么就不值得关注。

在实践中，目的对准可以产生立即可用的、务实的决策过滤器，从而你可以同步给整个组织以便改进决策和设计。

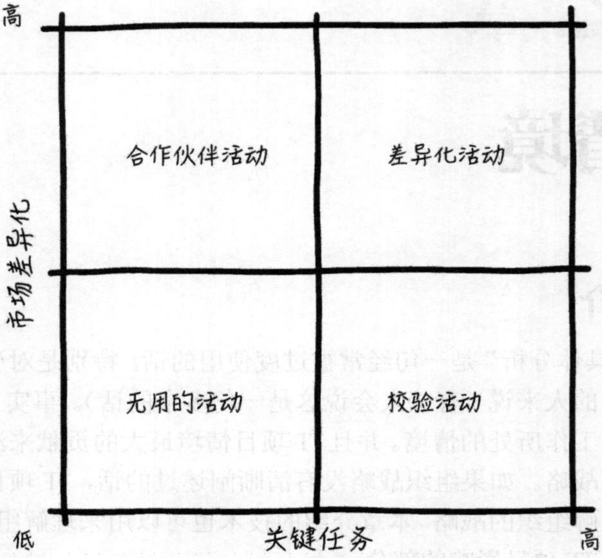

图 12-1 基于目的的对准模型

12.2.2 各个象限的解释

1. *差异化活动*

差异化活动的目的是为了超越竞争对手。因为你使用这些活动来获得市场份额，在市场上创造和保持一个可持续的竞争优势，并希望表现的比任何人都好。这些活动应该关乎组织的声誉并直接和战略相关。注意在这些活动上千万不要投资不足，因为这样做会削弱你的市场地位。实际上，你应该把创造力集中在这些活动上。

那么你的组织的差异化活动是什么呢？需要视具体情况而定。这取决于你为了创造可持续的竞争优势所做的具体事情。

例如，深度思考学院的差异化活动是小班教学和个性化的课程计划。保持这些活动的可持续的竞争优势应该是学校在所有关键决策中需要重点考虑的。

2. 校验活动

校验活动的目的是实现并保持与市场的一致。即便你的组织比竞争对手更好地执行这些活动，也不会产生任何竞争优势。然而，由于这些活动是关键任务，所以必须确保投入充足并执行到位。校验活动是简化和统一的理想候选者。在这个象限的复杂性意味着你进行了过度投资。虽然以独特的方式执行差异化活动能够带来价值，但以独特的方式进行校验活动非但不会带来价值，还可能由于过度投资校验活动而限制了本可以用于差异化活动的资源，从而减少了组织的价值。

3. 合作伙伴活动

有些活动不是关键任务（对你的组织而言），但却可以让你的组织在市场上和其他组织区分开来。利用这些活动并扩大市场份额的方法是找到他人来为你完成这些活动，并共同努力创造出差异化。在如下的深度思考学院的例子中，与本地交响乐团合作进行音乐教育是本地区其他学校没有提供的服务，因而从吸引学生的角度来看，这个合作得到了差异化的结果。

4. 无用的活动

最后，有些商业活动既不是关键任务，也不能形成市场差异化。对于这些活动，我们的目标就是尽可能地避免它。我们将这些活动称之为“无用的”活动。因为这些活动既非市场差异化活动，也不是关键任务，因而要尽量少花费时间和精力在这些活动上面。没有人真的在乎这些活动，不是吗？

12.2.3 例子

图 12-2 展示了深度思考学院的基于目的的对准模型。

12.2.4 何时使用

当你需要做如下事情时，目的对准可以发挥作用：

- 定义业务和 IT 的战略和战术计划；
- 将 IT 和业务优先级对准；
- 评估、计划和实施大型系统项目；
- 过滤并设计特性和功能；
- 管理项目范围；
- 减少过程改进的阻力；

- 通过提高精力和资源的分配减少浪费。

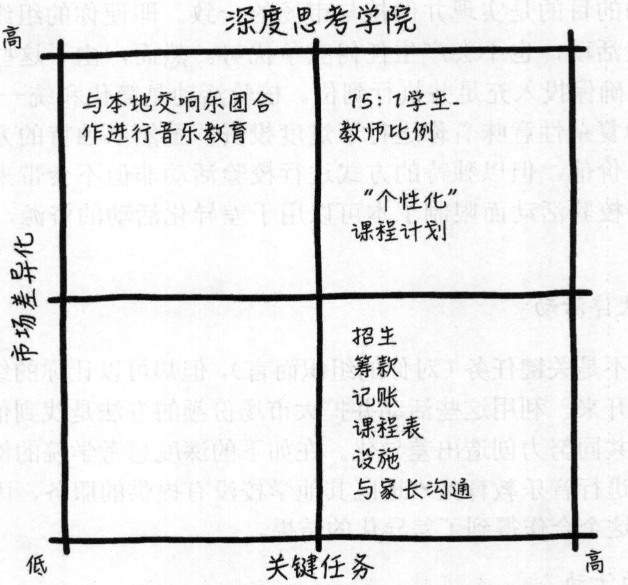

图 12-2　深度思考学院的基于目的的对准模型

12.2.5　为什么使用

基于目的的对准模型提供了一个简单的方式，来确定要集中关注哪些活动，以及如何交付这些活动。通过考虑任务的关键程度和市场差异化程度两个特征，消除了决策过程中的无关因素，从而帮助团队更加聚焦。

12.2.6　如何使用

下面是使用目的对准的步骤。

（1）提出并解释模型。

（2）识别能够区分你的组织的业务决策和活动。

（3）一旦确定了差异化活动，你应该能够写下一条简单的过滤陈述或问题，用于快速评估未来的决定和设计。在继续进行之前，可以看看是否有差异化活动可以通过合作伙伴完成。

（4）一旦你定义了差异化活动，几乎所有的其他活动都可以归类于校验活动。

（5）如果你使用基于目的的对准模型来进行战略和战术规划，那么接下来，你可以对差异化活动、校验活动和合作伙伴活动进行差距分析。你的计划应当是弥补这些差距。

（6）如果你使用基于目的的对准模型来设计项目、特性和功能，那么现在就可以围绕目的进行设计。设计差异化的项目元素、特性和功能帮你赢得市场。设计校验活动、项目元素、特性和功能使其足够好。注意，校验活动是关键任务，因而不能做得太差。然而，它们可以被简化和标准化，只要能交付卓越的结果即可。

12.2.7　警告和注意事项

注意校验活动具有关键任务的属性。从文化上来讲，我们会把自我价值和价值观关联到我们控制并使用的组织流程和业务规则上。这会造成一种自然的倾向，我们会希望流程和业务规则都是“差异化的”。如果你没有把校验活动的关键任务的属性进行强调并告诉大家，那人们会抵制使用这个模型及其关联的决策过滤器。另一种可能性是，他们会试图扭曲他们的流程以便其归类为差异化活动。这会减弱模型的使用效果。

差异化活动的范围会随着时间的推移而改变。一旦你在市场上对差异化活动进行了改进，市场就会模仿你所做的。因此，你需要一个专门的工作创新流程，以确保能够持续地更新路线图，优化差异化活动、业务规则、功能和特性。

校验活动的分类会随着时间的推移而变化，校验活动的优秀实践也会改变。只要流程的改进成为新的标准，就会形成一个奇偶校验的差距，而你需要填补这个差距。当然，为了填补这个差距，你可以模仿其他竞争对手已经发明的东西，而不用自己去发明。这需要一个内部流程来发现并实施这些优秀实践。

对待校验活动要适度。重要的是要做好，但做得比其他人都好本质上是一种金钱的浪费。有太多组织过度开发了流程或系统，因为他们没有意识到，他们所支持的是校验活动。例如，企业购买 COTS 计时产品时，他们尝试定制化产品以便满足自己独特的计时流程。这一软件已经包含全行业领先的时间跟踪实践，而该组织依然坚信“我们是独一无二的”。实际上，他们可能有一套独特的计时流程，但他们的这个独特流程很可能是毫无理由的，这当然也不会为他们赢得任何额外的业务。

目的并非优先级。目的确定了流程、业务规则、功能和特性的设计目标。但它并未定义这些流程、规则、功能或特性的工作必须要发生的顺序。这就是说，目的只是为战略和战术规划提供一个框架而已。

分析也可以是差异化活动。如果你可以做出更好的决策，特别是针对于差异化流程的决策，就可以提升你在市场上的竞争能力。旨在更好地理解你的差异化流程的分析工作也可以是差异化活动。然而，并非所有的分析工作都是差异化活动。例如，一家大型零售商通过其上游供应链管理进行差异化活动，关注的重点是其独特和差异化的供应链分析，但销售数据的分析并不一定是差异化活动。

合理对待例外情况。用自动化过程处理例外情况除了给组织增加复杂性之外别无好处，而且很少能为组织带来差异化。所以要避免在业务规则中编码处理例外情形。

12.2.8 附加资源

Pixton, Pollyanna, Niel Nickolaisen, Todd Little, and Kent McDonald. *Stand Back and Deliver: Accelerating Business Agility*. Addison-Wesley, 2009.

12.3 六个问题

12.3.1 定义

下面列出的六个问题有助于引导关于组织差异化活动的讨论，这六个问题代表了两个不同的视角。

你可以使用前四个问题识别组织的差异化活动。

（1）我们服务于谁？

（2）他们最想要什么和最需要什么？

（3）我们提供什么来帮助他们？

（4）提供的最好方式是什么？

最后两个问题促使你思考差异化活动对组织的影响。

（5）我们如何判断我们成功了？

（6）我们应当如何组织以便交付？

12.3.2 例子

表 12-1 显示了深度思考学院应用六个问题的结果。

表 12-1 深度思考学院的六个问题

问题	结果
1. 我们服务于谁	在深度思考学院周边有 K 到 8 年级孩子的家庭
2. 他们最想要什么和最需要什么	一所世俗的学校，他们的孩子可以接受最好的教育
3. 我们提供什么来帮助他们	小班教学和个性化的教学计划
4. 提供的最好方式是什么	蒙台梭利、传统的教学模式、经验丰富的教师个别指导的学习方式，三者结合
5. 我们如何判断我们成功了	基于在爱荷华基本技能测试（the Iowa Test of Basic Skills）中平均的学生排名
6. 我们应当如何组织以便交付	由家长组成董事会的非营利学校，核心的工作人员和教师，15∶1 学生-教师比例的目标

12.3.3 何时使用

当一个组织要制定或修改其战略时，讨论这些问题是最适合的。无论是小型非营利组织还是财富 500 强企业，都曾使用过这些问题引导组织战略的讨论。你的 IT 项目团队也可以使用这些问题来指导讨论组织的战略是什么，以及你的项目是否和这一战略相一致。

12.3.4 为什么使用

这些问题将重点放在组织提供给客户的价值上，它们还确保了组织结构本身和精力都围绕这一目的，而不会被无法向客户提供价值的活动分散注意力。这六个问题也引发了如何衡量最终目标的完成进度的对话。对于 IT 项目，讨论这些问题的价值是团队可以根据实际情况来确定组织的差异化活动。如果项目团队没有从组织领导层那里得到明确的指导的话，它们就特别有用。这六个问题之所以特别有用，是因为它们强调组织的可持续竞争的优势，这关系到组织的差异化活动。

12.3.5 如何使用

把跨部门的人员召集在一起（人员的组成取决于讨论的目的），并通过这六个问题引导讨论。便签纸，细尖的马克笔，白板纸以及白板笔有助于这一讨论。你可能希望确定几个不同的想法，然后大家一起讨论这些想法，以便收敛于一个或少数几个。这些问题具有顺序关系，所以你要在讨论第二个问题之前先确定好第一个问题的预期答案。

下面对每个问题试图确定的内容进行简单介绍。

（1）**我们服务于谁？**这个问题鼓励你讨论组织的目标市场及市场细分。你会想把这个数字缩小到非常小的地步——最好是 3 个或更少——从而你的活动就能更加聚焦。然后为每一个你确定的目标市场讨论后续的问题。

（2）**他们最想要什么和最需要什么？**这个问题确定了每个目标市场中希望解决的问题。

（3）**我们提供什么来帮助他们？**这个问题确定了该组织提供的产品与服务，以满足这些需要。

（4）**提供的最好方式是什么？**这个问题的答案常常用来确定组织的差异化活动。

（5）**我们如何判断我们成功了？**这个问题有助于确定总体的组织目标。

（6）**我们应当如何组织以便交付？**围绕以什么样的组织结构才能最有效地满足目标市场的需求的这一话题，这个问题激发了对话。

12.3.6 警告和注意事项

这些问题帮助组织确定差异化活动。如果你的项目和这些问题的答案无关，那意味着你很可能在从事一项校验活动。

虽然这些问题关注组织如何满足客户的需要，但这些问题的答案对内部 IT 项目也是很有用的，因为这有助于你理解你的项目和组织战略之间的关系。

这六个问题适用于组织的多个层面。在公司层面，这些问题的答案是相当抽象的。在产品层面，这些问题关注于具体产品提供的能力。对于 IT 项目，你可以从业务利益相关者的角度提出这些问题。如果你这样切换了关注点，你也可以把问题“他们最想要什么和最需要什么？”切换为“他们（利益相关者们）有什么样的问题希望花钱来解决？”。这是一个很重要的转换。因为他们可能想要好几样东西，但他们真正需要的是解决一个特定的问题。即便他们确实想要解决这个问题，但还是要问问他们是否愿意花钱解决，于是重点就聚焦于是否值得解决这个问题上。

12.3.7 附加资源

Pixton, Pollyanna, Paul Gibson, and Niel Nickolaisen. *The Agile Culture: Leading through Trust and Ownership*. Addison-Wesley, 2014.

12.4 情境领导模型

12.4.1 定义

情境领导模型，由 Todd Little 创建，在《Stand Back and Deliver》一书中进行了介绍。对于给定项目的不确定性和复杂性，这个工具可以确定合适的项目领导风格。情境领导模型也可以用于理解项目的固有风险，并确定如何进行分析以及完成文档，从而解决这些风险（见图 12-3）。Todd 选择用一个动物代表每个象限，其中每个动物的特点反映了落在该象限的项目的特点。

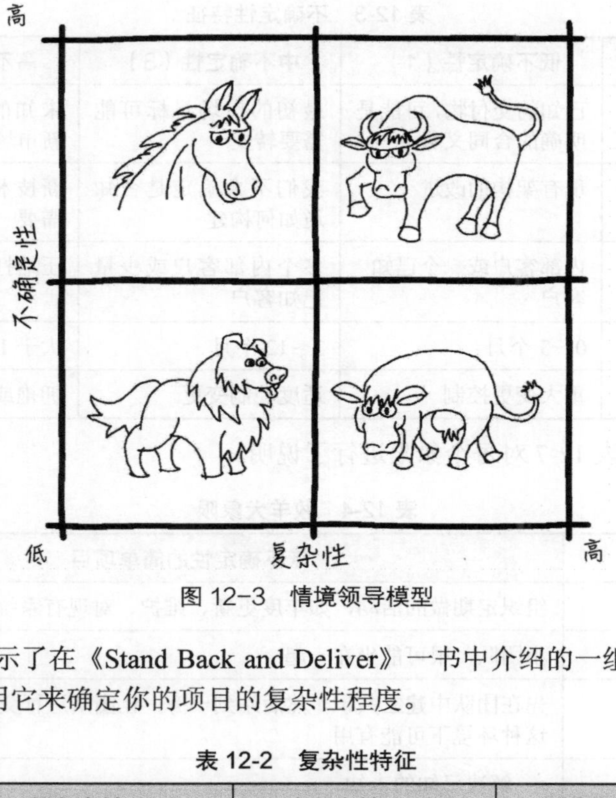

图 12-3 情境领导模型

表 12-2 显示了在《Stand Back and Deliver》一书中介绍的一组特征和评分模型，而你可以用它来确定你的项目的复杂性程度。

表 12-2 复杂性特征

特征	低复杂性（1）	中复杂性（3）	高复杂性（9）
团队规模	2	15	100
关键任务	预测性	已建立的市场	关乎安全或重大的货币风险
团队位置	同一个房间	同一座大楼	全球多地

续表

特征	低复杂性（1）	中复杂性（3）	高复杂性（9）
团队成熟度	专家团队	专家和新手混合的团队	新团队而且大多数是新手
领域知识差距	交付团队和行业专家一样了解这个领域	交付团队需要一些领域知识	交付团队完全不了解这个领域
依赖	无依赖	有一些依赖	跟几个项目紧密集成

表 12-3 显示了在《Stand Back and Deliver》一书中介绍的一组特征和评分模型，而你可以用它来确定你的项目的不确定性程度。

表 12-3 不确定性特征

特征	低不确定性（1）	中不确定性（3）	高不确定性（9）
市场不确定性	已知的交付物，可能是明确的合同义务	最初的市场目标可能需要转变	未知的和未经验证的新市场
技术不确定性	现有架构的改进	我们不太确定是否知道如何构建	新技术，新架构，可能需要一些研究
客户数	内部客户或一个已知客户	多个内部客户或少量已知客户	压缩打包软件
项目周期	0～3 个月	3～12 个月	大于 12 个月
变更控制方式	重大变更控制	适度控制变更	拥抱或创造变化

表 12-4 至表 12-7 对每个象限进行了说明。

表 12-4 牧羊犬象限

特点	低不确定性的简单项目
描述	组织定期做的活动，如年度更新、维护、对现有系统的小修改
项目团队	小团队，很可能坐在一起
有效的方式	先在团队中建立共识，然后站到一旁，让团队进行交付。看板方法在这种环境下可能有用
分析的本质	• 解决已知的未知 • 在团队和利益相关者之间建立共识
对文档的影响	• 根据利益相关者的要求 • 帮助项目所需的最低限度
有用的分析知识	领域知识

表 12-5 小雄马象限

特点	高不确定性的简单项目
描述	解决方案会引入新产品、新服务或支持新的业务流程。对现有系统或团队有很小影响或没影响
项目团队	小团队，很可能坐在一起
有效的方式	客户开发技术（参见第 3 章）和敏捷开发技术
分析的本质	• 迭代地发现未知的未知 • 解决已知的未知 • 在团队和利益相关者之间建立共识
对文档的影响	• 根据利益相关者的要求 • 帮助项目所需的最低限度
有用的分析知识	熟悉领域的不确定性

表 12-6 奶牛象限

特点	低不确定性的复杂项目
描述	修改现有系统，常常是遗留系统的修改，会对其他系统和团队造成影响
项目团队	大型团队，分散在多地，可能涉及多个团队
有效的方式	敏捷开发实践结合其他适当做法，以确保多个团队和受影响的利益相关者之间良好的沟通
分析的本质	• 解决已知的未知 • 在团队和利益相关者之间建立共识
对文档的影响	• 根据利益相关者的要求 • 充分地跟分散在多地的团队成员沟通意图（更加详细的规格说明） • 为了跟依赖的团队建立共识所需要的文档（公共接口）
有用的分析知识	• 熟悉受影响的利益相关者 • 领域知识

表 12-7 公牛象限

特点	高不确定性的复杂项目
描述	引进新的产品或业务流程，在很大程度上依赖现有系统或对现有系统进行重大变更甚至替换，而现有系统支持了现有产品或流程
项目团队	大型团队，分散在多地，可能涉及多个团队

续表

特点	高不确定性的复杂项目
有效的方式	能够在团队层面迭代的技术和在多个团队之间协作的技术。在这种情况下，客户开发技术可能是有帮助的，但你可能需要比较长的学习周期
分析的本质	• 迭代地发现未知的未知因素 • 解决已知的未知因素 • 在团队和利益相关者之间建立共识
对文档的影响	• 根据利益相关者的要求 • 充分地跟分散在多地的团队成员沟通意图（更加详细的规格说明） • 为了跟依赖的团队建立共识所需要的文档（公共接口）
有用的分析知识	• 熟悉领域的不确定性 • 熟悉受影响的利益相关者 • 领域知识

12.4.2 例子

图 12-4 显示了 4 个研究案例所对应的情境领导模型。

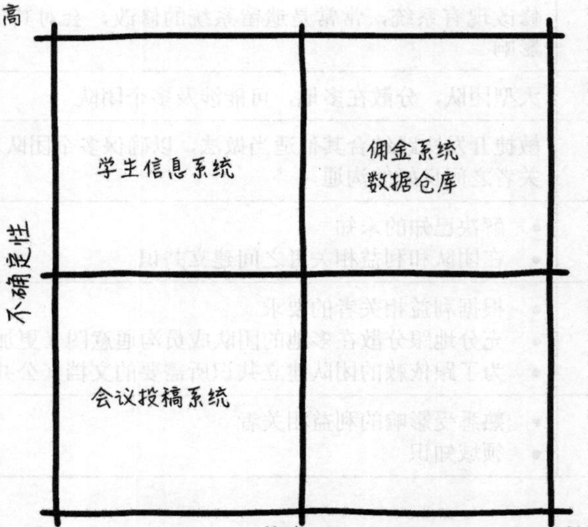

图 12-4　案例研究的情境领导模型

12.4.3 何时使用

情境领导模型对下面的情形有帮助：

- 执行项目的初始风险评估，并确定最佳的分析方式；
- 确定重组一个项目的潜在机会，以便降低风险；
- 检查整个投资组合，以便获得组织在整个投资组合上所面临的总体风险。

当启动一个项目时，复杂性和不确定性分析可以帮助团队确定初始的风险状况。随后的风险再评估可以帮助确定已有风险是否被解决，以及是否发现了新的风险。

12.4.4　为什么使用

情境领导模型是一种快速评估项目的方法，使用它可以评估所有项目面临的共同风险，并确定合适的流程和分析方法来解决这些风险。

12.4.5　如何使用

遵循如下步骤来实现不确定性和复杂性管理。

（1）确定你要使用的复杂性和不确定性的特征和评分。表 12-2 和表 12-3 总结了一组特征和评分模型的样本集合。

（2）为项目打分，并计算复杂性和不确定性的平价分数。

（3）确定项目所属的象限。这是一只牧羊犬，一匹小雄马，一头奶牛还是一头公牛？根据表 12-4 至表 12-7 给出的建议确定合适的分析方法。

（4）检查每个特征，看看是否有重大风险需要你在项目中解决。参考表 12-8 和表 12-9 的建议来解决这些风险。

表 12-8　解决复杂性风险

特征	降低复杂性和风险的方法	降低风险的步骤
团队规模	将团队拆分为更小的更紧密的小组	确保所有团队对目的和项目成功标准达成共识。定期把团队召集在一起。定义、沟通、测试并管理项目接口
关键任务	很难降低	让所有利益相关者都能看到关键决策和整体项目状态。确保利益相关者理解关键决策的后果
团队位置	如果可能的话，让团队坐在一起	让团队能经常面对面的交流。投资高带宽的沟通和协作工具
团队成熟度	保持经验丰富的团队作为一个整体，并在版本发布过程中充分利用他们。尽早将新成员加入到团队中	确保分配时间给新成员提供指导，并对整个团队的培训和提升进行投资

续表

特征	降低复杂性和风险的方法	降低风险的步骤
领域知识差距	招募具有深厚领域知识的团队成员，并让他们指导其他成员。确保客户的真实需求被不断挖掘出来	教育团队成员领域知识并让他们进入到真实领域中。让团队成员和用户坐在一起，并感受用户如何使用产品
依赖	通过静态版本降低工作的依赖。构建自动化测试检查依赖	跟依赖于你的团队充分沟通。了解他们的需求，并让他们清楚你的进展

表 12-9　解决不确定性风险

特征	降低不确定性和风险的方法	降低风险的步骤
市场不确定性	定位在一个已经充分了解的具体的市场细分	迭代交付，使用原型，并定期获取客户的反馈
技术不确定性	使用成熟的技术。设计灵活性以便于支持未来的决策	当不确定性可以自行解决时要延迟决策。设计并进行实验以获取信息帮助消除不确定性
客户数	定位于一个特定的客户细分或客户群	使用旗舰产品征求多个客户的意见并将他们统一到一致的方向。使用基于目的的对准模型作为过滤器
项目周期	缩短周期或以增量方式交付	在项目过程中逐步地增量交付并保持高质量
变更控制方式	在具有最大影响的地方进行变更控制。延迟决策以便作出变更时没有重大影响	使用增量交付和反馈，使得变更能被项目吸收掉。要避免在项目早期过度关注细节

12.4.6　警告和注意事项

虽然小雄马项目特别适合使用敏捷方法，但这并不意味着敏捷方法不适合其他项目。但即使是简单的敏捷方法也可能对牧羊犬项目矫枉过正，只要项目团队清晰地知道他们要完成的事情，并且能够用一种简单的方法协调合作，可能就足够了。奶牛项目可以使用敏捷方法，但这些方法需要配合上团队和受影响的利益相关者之间的沟通协作活动。敏捷方法也可以用于公牛项目，但处理这类项目最好的方法是将其拆分为小雄马项目和奶牛项目，然后再应用相应的方法。

牧羊犬项目也可以使用敏捷方法，但大多数敏捷方法对这类项目而言都太复杂了。因此可以只选择需要使用的技术，并要抑制住冲动，以免把项目变得过于复杂。正如 Todd Little 所建议的：“牧羊犬作为敏捷项目是可以的，但只能喂狗食。一旦项目经理企图把项目变得太复杂，要让你的狗能去咬他。”

随着风险的变化，项目可能会从一个象限移动到另一个象限。当组织无法合理地控制范围，最终将其他本该相对独立的项目和系统牵涉进来之后，小雄马项目就会变成公牛项目。当产品负责人无法在合适的时机做出决策，导致不确定性过高时，奶牛项目就会变成公牛项目。

12.4.7 附加资源

Pixton, Pollyanna, Niel Nickolaisen, Todd Little, and Kent McDonald. *Stand Back and Deliver: Accelerating Business Agility*. Addison-Wesley, 2009.

第13章 理解需要

13.1 简介

大多数项目的启动是因为有人想到了一个主意。而这个主意常常是开发新产品或服务，更新现有产品或服务，或者对组织的一部分做出改变。从组织的角度来看，项目的启动可能基于战略，运营效率的提升，或者应对环境的变化。但有些项目的启动是因为有人具有足够的影响力，并且决定投入资源进行名义上有利于组织实际上却为其自身服务的项目。这些项目常常称为“宠物项目”，虽然有特别多的组织声称不存在这样的项目，但实际上却并非如此。

本章和宠物项目无关，至少没有直接关系。本章的内容围绕针对要满足的需求如何达成共识，并且如何确定该项目是否值得投资而展开。本章介绍的技术提供了多种协作方式，以便团队和利益相关者建立共识。通过这些技术得到的结果是有用的，但这些技术所激发的对话更加有用。

尽管在这里我不会专门针对宠物项目（虽然我一直提及它们），但使用这些技术的组织可能会引发针对宠物项目的讨论，从而终止它们，或者至少为这些项目拴上狗链（译注：这里指限定项目投入的规模）。

对愿景达成共识非常重要，因为它为项目的成功奠定了基础。如果一个团队尚未形成对项目目的和目标的共识，那么项目就很可能会失败。为什么呢？因为团队成员就无法意识到，每个人都基于不同的基础进行日常工作的决策。而这些差异将导致团队无法获得最佳结果。

本章的目标是介绍如何对愿景达成共识，但不是介绍如何建立一个愿景，这个区别很微妙但很重要。项目不可避免地来自于个人（我们称之为项目发起人），要么是因为这些人最初的时候产生了项目的构想，要么是因为他们在组织中所负责的部门有需要。这种情况良好而且合理，因为终究有一天你会需要一个特定的决策者完成那些极为关键的决策，而这些决策会极大地影响项目的成败。同时，你也不希望所有的项目决策都落在一个人身上，因而你就需要为项目中的每个人提供清晰简单的指导原则。针对愿景建立共识相比于创建愿景本身，更多的是沟通和澄清。当然，在建立共识的讨论中，愿景可能会被细化，发现的新信息可能会改变项目发起者的看法，甚至可能会说服大家不该启动这个项目。

在本章中介绍的技术如下：

- 决策过滤器；
- 项目机会评估；
- 问题陈述。

这些技术可以单独使用，也可以组合使用，这取决于项目的性质。同时，我强烈建议为每个项目建立决策过滤器和目标。

13.2 决策过滤器

13.2.1 定义

决策过滤器用来指导决策的简单问题。它提供了一种方式用来快速跟参与项目的每个人沟通目的和目标。这一概念由 Niel Nickolaisen 提出，用他的话说：“决策过滤器帮助团队更好地完成明智的工作并停止进行愚蠢的工作。”实际上，决策过滤器能够告诉你什么时候要对一个不符合战略的项目说“不”。

13.2.2 例子

会议投稿系统的项目级决策过滤器是“这会帮助我们运行一个基于社区的投稿流程吗？”。

会议投稿系统的第一个版本的决策过滤器是“这会帮助我们接收投稿并提供评审意见吗？”。

13.2.3 何时使用

决策过滤器能够被用于：

- 确保对齐战略；

- 对齐关键产品特性；
- 对齐关键项目目标；
- 对齐版本目标；
- 对齐迭代目标；
- 确定设计方法（以确定一个活动是否是差异化活动）。

13.2.4 为什么使用

决策过滤器使得组织的目的和目标非常明确，并且随时可以访问到，同时这也是一种用来快速检查团队的当前行动是否和这些目的和目标一致的方法。

每一天，组织都会受到在不同层级的人所做决策的影响。即便是看似微小的战术决策也会影响整个组织。成功的组织已经意识到这一点并寻找方法来对齐组织中各个部分的决策，从而使得在合适位置上的人具有最新的信息用于决策，这些人通常就是受决策影响最直接的人。而公司政治与文化的阻隔意味着公司上层的人很难比执行行动的人做出更明智的决策。

虽然有很多证据说明这种分布式的决策机制过于理想化，但组织领导人仍然会寻找某种方式来对齐决策，使得做出决策的人能够以有利于组织并与战略方向一致的方式运用这些现有的信息。在为决策者提供足够指导的同时，又不能限制他们利用现有信息的能力，特别是在项目中通过工作成果获得的信息，在这两者之间需要取得平衡。

13.2.5 如何使用

（1）通过与关键利益相关者的对话创建决策过滤器，决策过滤器通常来自目的和目标。

确定几个问题，要能够代表你的组织、产品、项目、版本和迭代要完成的东西。利用这些决策过滤器用来指导选择做什么以及怎么做。因而要得到有用的过滤器就要了解如何创建过滤器以及如何使用它们做决策。

决策过滤器技术可以用于多种不同的目的，往往和不同层次的计划密切相关。根据你想指导的决策类型，决策过滤器可能可以表述为其他核心概念，如目标、满足条件或者是核心的成功标准。无论怎样，决策过滤器通常都是使用同样的方式——通过对话——创建的。

决策过滤器对话通常包含所有提供过滤器（目标、满足条件或者核心成功标准）的人以及执行决策的一些人。对于战术决策，对话要包含更多执行决策的人。这些对话能够为团队提供大量的背景信息，但最终那些没有参与这些讨论的人将要使用所得到的决策过滤器。决策过滤器就是为帮助指导这些人的日常决策而创建的。

决策过滤器的对话往往在开始时产生大量潜在的过滤器（发散阶段），然后收敛成 2～3 个。

（2）**跟负责实现这些目的和目标的团队沟通这些决策过滤器。**

如果要使用这些决策过滤器的一部分人或全部人并参与最初的对话的话，如何沟通这些决策过滤器就变得非常重要。在这种情况下，可以把创建过滤器的对话中的重点信息也包含进来，以便给团队提供一些背景，这是很有帮助的。

判断团队是否理解了决策过滤器的最好方式是，让他们利用决策过滤器进行实际的决策，并看看他们是否运用得当。直到团队把决策过滤器用于一个特定的目的，他们才可能发现有信息的缺失。

（3）**在团队中使用决策过滤器来确定他们要交付什么以及不会交付什么。**

决策过滤器在待办列表细化和优先级讨论中特别有帮助。一旦团队理解了决策过滤器，你需要确保他们的使用是一致的。我喜欢把决策过滤器张贴在团队可以定期访问的地方（比如墙上或者是团队的网页上）。当团队决策艰难或者决策讨论看上去有点冗长时，团队中的人就可以指着墙上的决策过滤器问："这能帮助我们达成那个吗？"我在工作坊中、软件开发团队中和转型团队中都用过这种方法，在这些情况中，我发现这都是一个帮助团队重新聚焦的好方法。

13.2.6　警告和注意事项

争取只保留少数几个决策过滤器，2～3 个是比较理想的情况。具有的决策过滤器越多，能够满足所有过滤器的事情就越少，而且它们之间冲突的概率就越大。将关键项目缩减到 2～3 个的讨论可能会非常具有启发性，并且能够帮助团队建立起要交付什么内容的清晰思路。确定一个长长的要做的事情的列表很容易，但把这个列表缩减到几个关键因素实际上更加有助于团队的聚焦。

避免决策过滤器之间的冲突。这对目的和目标也同样适用。这一点可能看起来像是常识，但除非团队明确地从整体上来看他们的目标，并且在项目初期建立目标时没有太简单草率，否则项目目标很容易是冲突的。这就导致团队很难确定应该关注什么，或者导致交付物之间互相冲突，使解决方案无法工作。

为决策过滤器设置优先级可能是有帮助的，特别是当在版本层级上讨论时更是如此。

决策过滤器应该是可指导行动且清晰的。如果过滤器是模糊的，如"创造非凡的软件"，就不会有效。

13.2.7 附加资源

Elssamadisy, Amr. "An Interview with the Authors of 'Stand Back and Deliver: Accelerating Business Agility.'" www.informit.com/articles/article.aspx?p=1393062.

McDonald, Kent. "Decision Filters." www.beyondrequirements.com/decisionfilters/.

Pixton, Pollyanna, Niel Nickolaisen, Todd Little, and Kent McDonald. *Stand Back and Deliver: Accelerating Business Agility*. Addison-Wesley, 2009.

13.3 项目机会评估

13.3.1 定义

Marty Cagan 在《Inspired》一书中建议进行产品机会评估。Cagan 的评估包括在考查产品机会时要提出的十个问题，通过解答这十个问题，可以得到更多信息，从而确定这是否是一个值得追求的机会。我也编制了一个类似的问题清单，供 IT 项目人员在最开始的时候评估一个项目是否值得开展。你可以把它作为项目机会评估。

评估的问题清单如表 13-1 所示。

表 13-1 项目机会评估问题清单

问题	解释
1．这会解决什么问题	这个问题很难回答，但回答正确这个问题非常重要，从而能够确保你正在解决一个明确定义的问题，而不是有一个解决方案在寻找对应的问题
2．我们为谁解决这个问题	这个问题旨在识别关键的利益相关者和项目的既得利益者
3．通过解决问题能够得到什么	这个问题用来识别从项目中能够获得的利益。在这一点上你并不需要一个非常精确的回答。答案中包括数量级通常就足够好了，就能够确定这个问题是否值得解决
4．我们如何衡量成功	这用于确定项目的可衡量的目标
5．现在有什么替代方式吗	这是另一种方式，旨在询问如果你不去解决这个问题会发生什么，同时也能识别解决问题
6．我们有合适的人来解决这个问题吗	这个问题旨在帮你确定是否有技能合适的团队，如果没有的话，你是否需要从组织内部或外部获取帮助
7．为什么是现在	这个问题询问项目是否存在时间限制，如果有的话，时间限制是什么

续表

问题	解释
8．我们如何鼓励组织采纳	这让你思考变革管理和实施
9．项目成功的关键因素是什么	在讨论和后续的分析中这会找出特定的需求。这个问题并不是要确定解决方案，而是强调可能存在的依赖和限制
10．这个问题值得解决吗	这个问题总结了整个讨论。根据到目前所讨论的内容，这个项目值得做吗

13.3.2　例子

表 13-2 展示了会议投稿系统（参见第 7 章）为 Agile2013 大会做准备时进行的项目机会评估。

表 13-2　会议投稿系统的项目机会评估

问题	答案
1．这会解决什么问题	需要接收议题提议，评审提议，提供反馈，并为 Agile2013 选择议题。当前的投稿系统基于一个过时的平台，而且难以维护
2．我们为谁解决这个问题	提交人，会议执行团队
3．通过解决问题能够得到什么	解决现有系统的几个问题，并且允许日后方便的升级
4．我们如何衡量成功	会议收到一组好的议题了吗？提交人得到适当地反馈以便修改其投稿了吗
5．现在有什么替代方式吗	• 修改现有投稿系统 • 购买系统
6．我们有合适的人来解决这个问题吗	是
7．为什么是现在	投稿系统需要在 2012 年 12 月 1 日时可用，以便提交人有足够时间提交议题
8．我们如何鼓励组织采纳	通知人们为了在会议上演进，他们必须通过投稿系统提交
9．项目成功的关键因素是什么	• 自动化测试 • 分阶段发布的能力 • 熟悉投稿流程
10．这个问题值得解决吗	是

13.3.3 何时使用

这些问题应该在项目生命周期的初期考虑，甚至在项目刚开始考虑的时候就提出——越早越好。项目机会评估经常导致团队质问一个项目到底是否值得做，或者只在特定情况下是值得的。

如果进行中的项目没有问过这些问题或没有得到答案，或者项目条件发生了重大变化，都值得再次讨论这些问题。

13.3.4 为什么使用

项目机会评估服务于两种目的之一：

（1）它能让你的组织避免浪费时间和金钱去满足定义不清的需求或问题，而它们根本就不值得去做；

（2）对于值得满足的需求，它能让团队聚焦并帮助团队理解需要什么才能成功以及如何定义成功。

这些问题在关于项目性质和交付价值的初期讨论时提供了结构化的框架。仅仅提出问题就可以识别要进一步研究的话题，或者发现没有讨论过的假设，而这可能表明项目是不值得做的，甚至是不可行的。项目机会评估的目标是，当获取的信息能够立刻用于评估项目而又无需太多投入时，提醒团队需要考虑的重要因素。如果一个项目对多数或全部这些问题都有满意的答案，那么团队就可以进行更详细的分析了。

13.3.5 如何使用

（1）把关键利益相关者召集在一起——如果你使用过决策过滤器和基于目的的对准模型这两个工具的话，参与讨论的是同样的一群人。

（2）讨论这十个问题，确保在找到一个满意的答案之后，再前进到下一个问题。有些情况下，你会发现你知道的信息不够回答这些问题。所以你要判断是否需要做进一步的研究。有些情况下，这些人无法达成一致，这一事实可能意味着需求本身在当前并不够重要，也就不值得继续进行。

（3）如果你确定需要额外的研究，就要确定谁来完成（最好是志愿者）以及何时大家要再聚起来讨论。

13.3.6 警告和注意事项

这个问题清单完全集中于要满足的需求上（即要解决的问题）。这些问题并未深入到可能的解决方案，因为最初的分析重点应该是你是否理解了需求，并了解了满足它之后带来的影响。

这些问题的目的是引发讨论，并很快得到回答。在你得到这些问题的答案之前，不要继续进行项目，但也不要花费太多时间和分析来回答这些问题。如果你要做一些线下的研究，最多给这个研究一周的时间，以确保项目进展不会戛然而止。如果项目确实不值得做，最好尽早发现这一点，而不是相反。

这个问题清单似乎与第 12 章讨论的六个问题很像。然而，他们的主题是不一样的。六个问题关注于整个组织。项目机会评估更加侧重于一个特定项目要解决的问题。

13.3.7 附加资源

Cagan, Marty. *Inspired: How to Create Products Customers Love*. SVPG Press, 2008.

13.4 问题陈述

13.4.1 定义

问题陈述是一组结构化的陈述，描述了一个项目的目的，即它要解决什么问题（见表 13-3）。

表 13-3 问题陈述的组成部分

组成部分	描述
问题	描述问题
影响谁	受此问题影响的利益相关者是谁
产生的影响是什么	问题的影响是什么
成功的解决方案是什么	列举解决方案的关键好处或核心能力——一旦实现——就肯定成功

13.4.2 例子

由于这项技术最重要的部分是发生的对话，而不是最终产出，所以我想讲一个故事，这是在佣金系统项目中，我有一次和项目团队一起使用这个技术发生的故事。一共有 11 个人，包括项目发起人、几位行业专家和交付团队的大部分人。我让他们做了问题陈述的练习，以便建立他们之间的共识，同时也能看到他们对问题的理解程度。

当我让这群人各自为同一个项目建立问题陈述时，我们得到了关于项目的 11 个不同的看法，从为佣金系统完成一些修改到让它更容易维护，到彻底检修组织为代理商支付的流程，各不相同。不用说，整个团队都惊讶于这些看法间的差异，特别是项目到那时已经进行了几个月了。在做这个练习之前，每个人都以为大家对于项目的理解大家都是“一样的”。

通过对问题陈述不同部分的整合，我们能够得到项目目的的共识。日后，团队成员就能够用这个来决定他们应该关注什么以及不应该关注什么。

13.4.3 何时使用

在启动活动中，问题陈述活动是一个很好的方式，它有助于团队针对项目试图解决的问题建立共识。你可以利用这个技术为项目机会评估的第一个问题提供结构化的讨论框架。

如果项目已经在进行中了，你仍然会发现花些时间创建或更新问题陈述是有意义的，特别是当你意识到团队并未对项目是做什么的形成共识的情况下更是如此。

13.4.4 为什么使用

这种技术提供了一个结构用于进行有建设性的对话。它描述的内容是问题，但它也提供了一些谁会关心这个问题以及为什么的情境信息。它也关注解决方案的特点，但并不会指出解决方案本身。这就使得它在团队考虑是构建还是购买解决方案的时候时成为一个好用的技术，因为此时团队需要一种方法来组织他们要寻找什么的想法。

13.4.5 如何使用

（1）把项目发起人、利益相关者和交付团队召集在一起，并让他们拿 4 张便签纸（或索引卡片）和一支马克笔。

（2）在每张卡片上，每个人写下自己的问题陈述的 4 个组成部分。例如，我为会议投稿系统写的卡片如表 13-4 所示。

（3）一旦每个人都写完卡片，让参与者顺序地读出他们的陈述，并把卡片置于墙上的 4 个部分（如果是即时贴或便签纸）或桌子上的 4 个部分，每个部分都对应问题陈述的一个部分。

（4）在每个人都读完陈述之后，让大家逐步考查问题陈述的每一部分，并总结出大家都支持的一个陈述。

表 13-4 会议投稿系统的卡片

卡片编号	问题陈述
卡片 1	选择会议议题的问题
卡片 2	影响演讲者
卡片 3	影响是演讲者经常无法收到关于他们议题提议的可行动的反馈或者不知道为什么他们被选中/未被选中
卡片 4	成功的解决方案是公开和透明的

13.4.6 警告和注意事项

这种技术很容易沦落为一种复选框的练习，此时人们只是为了完成而完成，但我发现了一种方式可以让问题陈述变为一种互动练习，这对于激发大量对话非常有好处。

当你让大家参与这个练习时，你很有可能会得到问题的多种不同的看法。通过让大家把想法写在卡片上，你就能让一大组人来排序、组合以及移动不同的想法，以便辅助讨论并收敛到一个问题陈述。再提醒一下，假如小组里的每个人都参与了讨论，虽然你可能无法改变项目关注的真正问题（其实这是有可能的），但你肯定会对要解决的问题达成了更好的共识。

这个练习的最好结果不是问题陈述本身，而是当大家试图汇聚出项目的共同理解时所发生的对话。因为大家头脑中的假设之前从未说出来过，而且形成的共识不但包括问题陈述本身，还包括在讨论中分享的信息。

13.4.7 附加资源

Gottesdiener, Ellen. *The Software Requirements Memory Jogger: A Pocket Guide to Help Software and Business Teams Develop and Manage Requirements*. Goal/QPC, 2005.

第 14 章 理解解决方案

14.1 简介

本章的标题意味着为满足特定的需要，有可能有多个选项供选择。在某些情况下，这肯定是值得考虑的，同时团队忽略多个选项所带来的损失也是值得考虑的。然而在另一些情况下，已经有明确的方式可以满足特定的需求，此时就不用考虑其他选项。这里的诀窍在于你要搞清楚什么时候你需要创建一组选项进行选择，而什么时候你需要为交付一个明确的解决方案列出所有要做的事情。

感到困惑？那我们举一些例子吧。

假如你是一所小型私立学校的董事会成员，发现在学校管理员和教师和家长之间的沟通不畅。另外，关于每年注册都需要提供相同的信息这件事，你已经收到多次投诉。

董事会的一名成员针对学生信息系统研究了多种选项，并向董事会提出一项提议，要拨款购买一个这种系统。于是董事会开始讨论一个学生信息系统应该具有的所有特性，但你觉得似乎有些事不太对——学校真的需要一个学生信息系统吗？我们到底在解决什么问题？

谈话进行了一段时间，直到你最后提出了一个问题："我们这里要解决什么问题，还有我们如何知道我们是否解决了问题？"房间里一下子安静下来。有几名董事会成员点头表示同意。建议分配资金购买 SIS 的人怒视着眼前的桌子（但其实针对的是你）。其他人盯着天花板发愣。最终，董事会主席慢慢地点了点头，然后说道："你的问题很好。我们回过头来看看我们要做什么，然后再想想到达那里的方法。"

此时，你就可以建议影响地图的方法，这种方法从一个特定的目标出发，然后针对可以影响目标进展的人，通过不同的工作对他们的行为施加影响，而这些改变他们行为的工作就形成了一个行动列表。可以看到，这是识别多种选项的绝佳情形。

在另外一个案例中，我们需要搭建一个系统来支持一个会议的投稿流程。现在你已经知道要替换现有系统，而且提供合适的功能来支持议题筛选流程非常重要。那么影响地图在这种特定情况下就不是很有帮助，实际上，使用影响地图会浪费时间，因为你已经知道要构建系统以及背后的原因。但你此时却需要知道在新的解决方案中要包含哪些功能才能满足目标。在这种情况下，故事地图和协同建模技术就非常有用，它们能够帮你梳理清楚为了提供一套完整可用的解决方案，需要交付的所有事情。

这个故事的教训是：虽然有很多技术是有用的，但并非总是适合的。有些情况下（可能远比你最初意识到的多），你想要探索多种选项，而不希望被当前流行的方式所牵绊。此时你要真正理解你所试图满足的组织需要，并且识别出满足需要的所有可能选项。

另一方面，你可能已经知道特定的解决方案看上去什么样子——至少你已经清楚为什么要交付这个解决方案——而此时，理解你要做什么才能让解决方案可用就变得更加重要。在这些情况下，项目本身可能已经作为影响地图的结果而启动，此时再试图利用影响地图分析交付物毫无价值。因为对于这项工作使用了错误的工具。这种情形需要一种方式来组织待办列表从而显示出完整解决方案所需的关键事项。此时使用图形化的方式组织事项，可以帮助判断什么东西是需要的，以及什么时候能够交付。

选择正确的工具做事情是精髓所在。你不会想要用影响地图进行功能分解，对于可以做的事情你也不想要各种选项；你只想知道哪些你必须做，而哪些事情——仍然是完整解决方案的一个层面——是可选的。

本章介绍了各种技术，你可以用来识别可能的解决方案（影响地图）或者定义并描述解决方案（故事地图，协同建模）。本章还讨论了 3 种技术，可以用来描述解决方案的不同方面：模型、验收标准和实例。

你可能已经注意到，在本章我没有花大量的时间介绍特性或者用户故事，甚至在全书都是如此。我之所以这么做是因为，已经有大量文献在介绍用户故事，而且大多数往往都会过分强调用户故事的作用。用户故事实际上是用来作为占位符和提醒，以便针对解决方案开展进一步的对话。所以我选择把重点放在那些以模型、验收标准和实例为内容的对话细节，而不只是提醒你要进行对话。

14.2 影响地图

14.2.1 定义

影响地图结合思维导图和战略规划技术来帮助团队探索他们应该去影响什么样的行为，以便于达成一个特定的目标。团队使用影响地图讨论假设，对准组织目标，并通过仅仅交付可以直接导致实现组织目标的东西来使得他们对项目的关注焦点更加清晰，这也减少了多余的活动。

影响地图围绕 4 个关键问题展开对话。

- 我们为什么（why）要做这个？这个问题的答案就是项目试图达成的目的，通过一个目标来衡量。
- 谁（who）能使组织更接近于目标，或者相反的，谁会阻碍我们达成目标？这个问题的答案可以确定对结果有影响的角色。
- 这些角色的行为应该如何（how）改变？这个问题的答案指出了我们希望造成的影响。
- 组织（具体的就是交付团队）应该做什么（what）来达成期望的影响？这个问题的答案可以确定要交付的内容，通常就是软件特性和组织活动。

14.2.2 例子

图 14-1 是深度思考学院的影响地图的例子。

14.2.3 何时使用

影响地图并非适用于所有情形。如果你使用情境领导模型（参见第 12 章）来分析你的项目，影响地图对于小雄马和公牛象限的项目可能是个好技术，如果不确定性来自于业务层面就更是如此。

Gojko Adzic，Ingrid Domingues 和 Johan Berndtsson 在 InfoQ 上写了一篇名为“充分发挥影响地图的潜在价值”（Getting the Most Out of Impact Mapping）的文章（www.infoq.com/articles/most-impact-mapping），文章中介绍了影响地图可以发挥作用的 4 种不同的情境。这些情境是根据两个关键因素划分的：出错的后果（做出错误决策）和投资的能力（见表 14-1）。

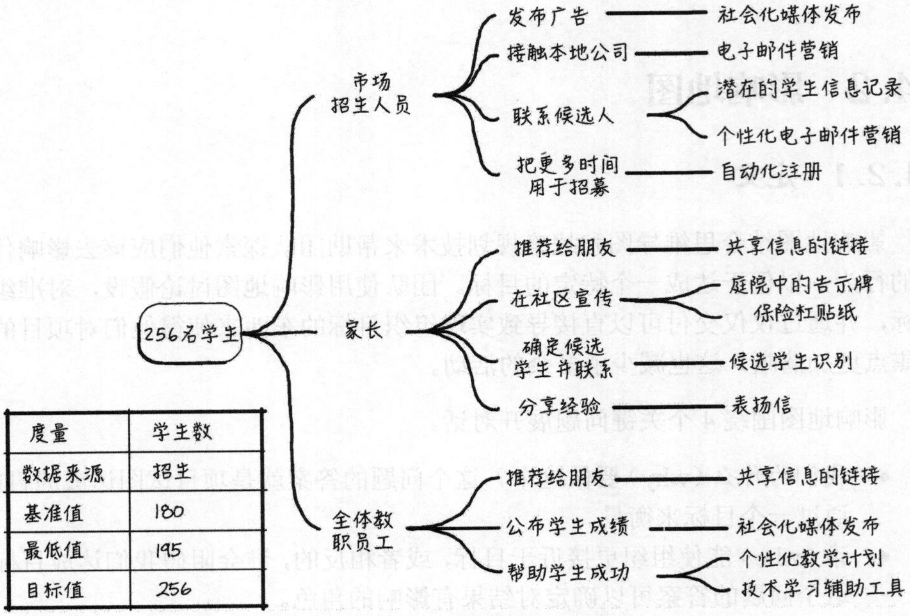

图 14-1　深度思考学院的影响地图

表 14-1　使用影响地图的不同的情境

情境	描述
迭代	投资能力良好和错误后果有限 例如，对于现有系统进行修改的 IT 项目，其中修改可以增量地发布给用户 在这种情况下，团队可以使用影响地图可视化假设，定义期望的业务影响并探索用户需求。团队可以利用从解决方案获得的即时反馈快速地证明或证伪想法。你会发现自己从一个初始的影响地图开始，从地图中选择一项工作交付，然后根据得到的结果进一步更新地图，从而可能会从地图中选择另一项工作进行交付
对齐	投资能力差和错误后果有限 例如，组织中有多个决策者在竞争有限的资源 在这种情况下，你可以使用影响地图驱动利益相关者对齐目标并辅助优先级设置。你可以把利益相关者召集起来，围着一张影响地图讨论各种交付物可以达成的具体结果，并确定哪些部分能发挥最大作用。在这种情况下，影响地图中的多个交付物可以同时进行交付，而不必过分关注某个特定交付物的影响。在这些情况下，影响地图可以作为大的整体视图
实验	投资能力良好和错误后果严重 例如，组织已有预算，但客户和用户不能快速地接受变更，或者是在监管严格的行业中 在这种情况下，你可以使用影响地图发现机会，识别选项并比较解决方案。在确定解决方案之前，你可以通过与用户的调研来探索各种不同的选项。影响地图可以帮助推动这一实验，并确定哪些解决方案是和期望结果最密切相关的

续表

情境	描述
发现	投资能力差和错误后果严重 例如，组织正在探索生产创新产品，或者进行具有重大财务风险的项目，但只有很少预算或经费申请流程非常繁重 在这种情况下，你可以使用影响地图来指导研究工作。影响地图可以帮你可视化假设，并识别哪项研究能更好地支持产品开发工作。初始的影响地图只会包含最初的假设，随着用户研究和用户测试的进行，你要增加更多细节进去

我在项目中使用影响地图的时候，大多数都是迭代的情境。在这些项目中，我们将创建一张影响地图来识别潜在的可交付物，确定我们希望首先尝试的交付物并进行交付，然后检查其对于行为的影响结果，最重要的是对目标的影响，从而确定这个交付物是否具有期望的效果。

另一个在 IT 项目中经常发生的情形是对齐。此时，你希望让多个利益相关者对于优先级达成一致。Gojko 在最近的电子邮件中介绍了他是如何处理这种情况的。

> 人们都知道他们想要什么（一个交易会计系统不需要太多发现活动，这个领域对于每个人都很熟悉），但待办列表中有太多事情，利益相关者实际上希望能带给组织一些重大变化而不是一个故事流，为此就需要对齐优先级并达成一致。
>
> 在这种情况下，我利用影响地图绘制出整体视图并让利益相关者和技术负责人针对影响的优先级达成一致，然后对应的工作就在几个团队间切分开。多个团队可以同时进行交付，而且不用过分依赖影响的度量结果来决定下一步工作（我仍然建议对结果进行度量，以确保工作完整地交付，但在迭代象限中，这不是驱动因素，因为此时内在的影响是比较确定的）。

14.2.4 为什么使用

当在合适的情境使用时，影响地图可以提供以下几个好处。

- **减少浪费**。团队在合适的情境合理使用影响地图每次可以交付一个交付物，并度量其对于目标的影响。如果满足了目标，他们就可以停止项目的工作，从而以最少的新代码满足利益相关者的需求。
- **更加聚焦**。交付物的选择基于他们对行为改变的贡献，这使得组织能够达成目标。

- **增加协作。**创建影响地图过程中发生的对话，对于找出假设非常有帮助，也有助于在项目中建立一连串的行动。
- **验证团队在建造正确的东西。**使用影响地图帮助团队聚焦在正确的结果上。团队也可以利用这个方法讨论并测试假设。

14.2.5 如何使用

（1）把团队和利益相关者召集在一起。

（2）确定目标（目标——why）。

（3）想想哪些人的行为有利于组织接近目标，而哪些人的行为会让组织进一步远离目标（角色——who）。

（4）对于所有角色，想想你希望他们开始什么行为，改变什么行为或避免什么行为以帮助组织更接近目标（影响——how）。

（5）对于每一种行为，确定组织可以交付的交付物，以帮助推动这些行为的变化（交付物——what）。

（6）确定首先交付哪个交付物，以评估其对目标的影响。

14.2.6 警告和注意事项

虽然第二层分支是探索“how”这一问题，但这个“how”关注你希望角色的行为如何改变，而不是如何交付一个功能。我认为最好称之为“影响”而不是“how”，以加强其专注于改变行为的理念。

第三层分支——可交付物，在 IT 项目中总是出现。它的目标是首先关注行为的改变，然后探索不同的方式以支持这一行为改变。

虽然你确定了许多不同的选项，但这并不意味着你要实现所有的内容。要达成既定的目标，但要用最少的工作来达成，所以一旦团队想到了一长串选项，他们应该收敛一下，找出他们认为最好的第一选项。

如果你的项目有多个目标，就为每个目标做一个影响地图。

14.2.7 附加资源

Adzic, Gojko. *Impact Mapping: Making a Big Impact with Software Products and Projects*. Provoking Thoughts, 2012.

Campbell-Pretty, Em. “Adventures in Scaling Agile.” www.prettyagile.com/2014/02/how-i-fell-in-love-with-impact-mapping.html.

“Impact Mapping.” http://impactmapping.org/.

14.3 故事地图

14.3.1 定义

故事地图是待办列表的可视化表示，它提供了更多情境信息，包括待办事项之间的关系以及团队计划何时交付。情境一般由使用具体特性的人物角色来表示，而特定的用户故事会关联到特性上。

14.3.2 例子

图 14-2 显示了会议投稿系统的故事地图的例子。

14.3.3 何时使用

故事地图这一概念最初由 Jeff Patton 提出，在试图理解具有大量用户交互的解决方案时，故事地图是非常有用的启发式技术。创建故事地图时，可以引导团队讨论业务流程，识别关键活动（表示为特性），并把他们按照逻辑顺序排列起来。

很多情况下，解决方案并非只支持一个单一的流程，或者也可能，逻辑上一步一步的顺序并不清晰。在这些情况下，故事地图依然很有用，它能够使特性和用户故事之间的关系可视化，并可以描述一个特定的用户故事什么时候会被交付。

14.3.4 为什么使用

故事地图的独特的可视化结构，能够帮助团队确定他们是否已经有了一个完整可行的解决方案。

故事地图也能够帮助团队确定一个特定发布版本的内容。版本发布目标应当是交付最少的可接受的功能，以便对利益相关者提供可行的有价值的产出，并获取他们的反馈。而故事地图就能够帮助团队确定最小的特性集合。

最后，故事地图提供了一个有用的图形化表达方式，能够显示一个特定版本规划了哪些故事以及在情境中这些故事所关联的特性。它还能引发要交付特性的哪些方面的讨论。在很多情况下，特性代表大范围的功能，而这一特性关联的用户故事表示必须要完成的事情，应该完成的事情，以及其他被认为是花里胡哨的事情。当团队需要决定哪些内容要交付以及哪些可以忽略的时候，故事地图就引发了对话。这既可以交付解决方案的目标，又不会浪费时间和精力在那些不会增加效果的功能上。

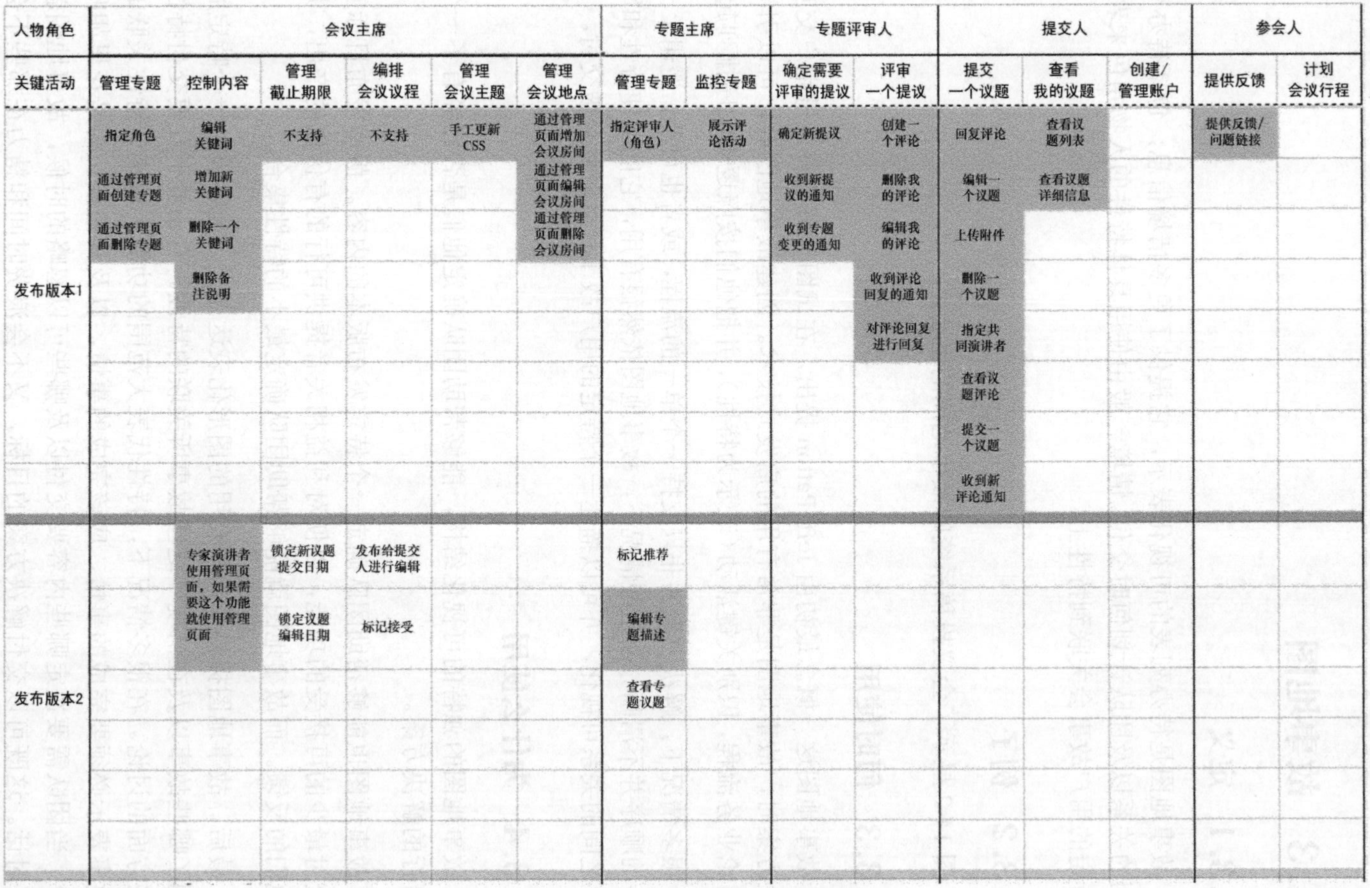

图 14-2 会议投稿系统故事地图

14.3.5 如何使用

1. 故事地图作为启发式工具

把关键利益相关者和团队成员召集在一起。你要在多种不同视角和过多的参与人之间小心地寻找平衡。一个常用的原则是“两张披萨饼原则”：参与人数的合适规模是可以用两张披萨饼喂饱的人数。

你也需要一个面积足够大的平面，比如一面墙或者一张桌子，在上面你可以利用便签纸和索引卡片摆放地图。有些团队甚至使用地板来做。

Jeff Patton 建议在启发式环境下以下列步骤使用故事地图。这个技术在获取一个流程的相关信息时特别有用。

（1）**一次只写下一步的故事**。作为一个集体，讨论流程中发生的各种事情，并把每件事情写在一张便签纸上或索引卡片上。每个条目都是一个用户任务，在这种情况下，就是一个简短的动词短语，描述了人们为达成某个目标所做的事情。

（2）**组织你的故事**。当你识别任务时，如果没有把故事组织起来的话，现在就把它们按照发生的顺序从左到右进行排列。这就创造了一条叙事流，并且意味着在任务之间有“然后我……”的关系。如果有些任务同时发生，或彼此是替代关系的话，就把它们垂直放在一列中。

（3）**探索替代故事**。一旦你把任务放在一条粗略的叙事流中，就可以用问题“怎么样”（What About）来讨论在故事的不同的点上可能发生的替代故事。把这些想法写在额外的便签纸或者索引卡片上，并放到对应的列里面。

（4）**提取地图主干**。检查所有任务，并将它们组合起来放入共同的组，然后使用易于区分的即时贴（如不同的颜色或形状）作为组的标题，或称为“活动”。这个“活动”也应该写为一个动词短语，而且是从它下面的所有任务提取出来的。这些活动也应当形成一条叙事流，并提供一个更高层次的故事梗概。

（5）**切分出能帮你达成特定结果的任务**。首先确定一个你想达成的特定结果，然后确定对达成结果而言绝对必要的任务。把这些任务都留在故事地图的顶部，把其他对于这一结果没有贡献的任务都移动到代表这一结果的水平线下面。这一步让你只专注于完成期望结果所必须的任务和活动。这些结果可以被当作一个流程的“正常路径”或者最小可行产品。

当你准备开始交付地图中表示的解决方案时，你可以把每个任务都当作用户故事，这些任务已经从用户的角度写下来了，所以你会从中受益良多。

2. 故事地图作为待办列表的可视化工具

即使你正在构建的解决方案中没有大量用户交互，或者没有明确地支持一个业务流程，故事地图技术依然可以帮你理解待办列表的情境。

（1）**确定问题**。首先针对解决方案要满足什么需求建立共识。第13章介绍的技术在这里会发挥作用。

（2）**建立地图全貌**。设计故事地图，用特性作为地图顶部的高层级的条目。如果有不同类型的用户可以使用不同的特性的话，那最好按照用户组织特性。如果对于这些特性有非常明显的用户故事可以识别出来，这时就把识别的用户故事放到对应的特性下面。

（3）**探索**。选择你认为要首先交付的特性，通过与感兴趣的利益相关者的对话进行深度探讨。画出模型草图以辅助对话（当你后续开始交付这些故事时，你会发现这些草图特别有用）。随着讨论的进行，你可以细化故事地图。

（4）**切分版本发布策略**。检查每个特性关联的用户故事，并确定为了达成预期目标要交付的最少的用户故事，这就是寻求以最小的产出取得最大的结果的理念。通过垂直的移动把这些用户故事放入不同的版本中。

（5）**确定要启动的工作**。一旦你确定了一组发布版本，你就会发现这有利于确定要开始着手的工作，因为你要尝试的实验要么是检验假设，要么是降低风险，而这些用户故事就会成为你第一个迭代的内容。

14.3.6 警告和注意事项

经过你识别并放到故事地图中的条目很可能比实际要交付的更多。这是正常且符合预期的，因为使用故事地图的原因之一就是在你要达成的目标的大背景下，确定需要交付的故事和不相关的故事。

如果你使用故事地图来获得一个流程的信息，那么为活动命名可能比较困难，因为分组和单独的任务并非一样自然。当试图给这些活动命名时，可以想一想用户或利益相关者会叫它们什么名字。

在使用故事地图时，不要试着把它和其他技术隔离。无论你是把它们用于启发式目的还是可视化待办列表，它们最终都是在帮助协作和对话。

故事地图也可以用来让人们熟悉解决方案所支持的流程。团队成员可以使用故事地图作为可视化辅助，帮助新人一起走通流程。

14.3.7 附加资源

Patton, Jeff. *User Story Mapping: Discover the Whole Story, Build the Right Product*. O'Reilly Media, 2014.

——. "User Story Mapping." www.agileproductdesign.com/presentations/user_story_mapping/.

14.4 协同建模

14.4.1 定义

协同建模是指，以协同的方式使用知名的需求分析和建模技术建立，并维护问题空间和潜在的解决方案的共识。它的主要前提是需求模型，长期以来一直被作为文档技术，但是在交付团队和利益相关者共同讨论问题和解决方案的协作环境下，它也可以被用来作为启发和分析技术。

表 14-2 列出了我认为特别有帮助的建模技术。请注意，为了一致性和已经熟悉的原因，我在列出这些技术的时候是根据它们创建的结果而命名的。但要强调的是，生成的工件远没有创建它们的讨论重要。这些工件可能有助于记录讨论和所做的决策，但讨论本身才是建立共识的有力方法。此时生成的工件从作为沟通的唯一手段变成了辅助整体进行沟通的一种方法。

表 14-2 协同建模技术

技术	描述
数据字典	对实体和它们的属性，以及两者的定义和具体特征达成一致
环境图	理解解决方案对人员、系统或组织的影响，以及解决方案和这些相关方的接口
逻辑数据模型	针对一套潜在的解决方案，理解利益相关者想要知道并记住的数据，以及这些数据是如何组织的
状态转移图	理解一个特定实体可以处于的具体状态，以及导致该状态改变的原因
术语表	对关键术语及其定义达成一致
组织架构图	理解受解决方案影响的人们之间的汇报关系
价值流图	识别组织运转过程中的改进机会
功能分解	通过把复杂的流程、系统、功能区以及可交付物拆分成更简单的组成部分，以便更好地理解它们

续表

技术	描述
过程流	理解特定流程的具体细节，以便于识别变更并实现一个解决方案
框图	对用户界面的实质以及要包含什么信息达成一致
模拟报告	理解利益相关者的信息需求，以便于帮助他们回答问题或做出决策

14.4.2 例子

图 14-3 是我为投稿系统画的状态转移图，表示为准备 Agile2015 大会要做的变更。

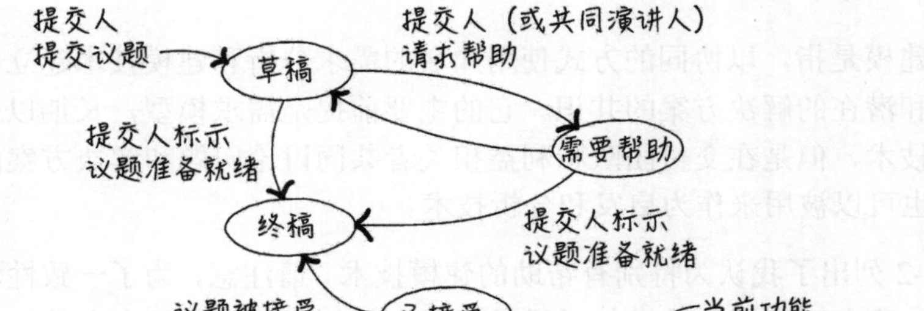

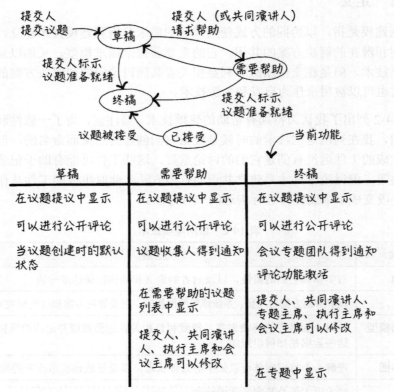

图 14-3 投稿系统的状态转移图

14.4.3 何时使用

不同的协同建模技术可以用于 IT 项目的不同方面。表 14-3 中列出了 3 个方面，指明了每个技术可以使用的情形。

- **定义问题空间**。当团队启动一个新项目时，需要理解问题发生的情境（我常常称之为“问题空间”）以及潜在的解决方案如何影响问题空间，此时可以使用协同建模技术。
- **定义具体的解决方案**。团队可以使用协同建模技术定义一个具体的解决方案，并为团队识别不同的实现方案提供基础。当用于此目的时，模型可以帮助团队基于解决方案的完整理解来识别特性和用户故事。
- **描述解决方案的特定方面**。团队可以使用协同建模技术进一步描述具体的待办事项。此时使用的模型可能是最初为定义解决方案而创建的模型，也可能是团队发现为了更好地理解解决方案的一个特定方面，创建了更详细的模型。

表 14-3 适用的协同建模技术

技术	定义问题空间	定义具体的解决方案	定义解决方案的特定方面
数据字典			×
环境图	×		×
逻辑数据模型	×	×	×
状态转移图			×
术语表			
组织架构图	×	×	×
价值流图	×	×	
功能分解	×	×	×
过程流		×	×
线框图		×	×
模拟报告		×	×

对于特定的情况，可以用各种不同的建模技术（参见表 14-4），但没有一种技术适用于所有情形。

表 14-4 可选用协同建模技术的场景

当你处于如下场景时	可选用的技术
解决方案和其他系统或组织有大量接口	环境图
解决方案是数据密集型	环境图 逻辑数据模型 数据字典

续表

当你处于如下场景时	可选用的技术
你在寻找业务流程中的改进机会	价值流图 过程流
解决方案用于支持决策和分析	模拟报告 数据字典 逻辑数据模型
解决方案太复杂	功能分解

14.4.4 为什么使用

协同建模技术为团队提供了一种方法，针对问题和解决方案的不同选择可以先建立共识，而不必深入到把解决方案分解为多个实现块（如用户故事）的细节当中。这种方法克服了仅仅依靠头脑风暴创建待办列表时出现的问题。

1. 待办列表不能确定一个完整的解决方案

基于模型讨论解决方案，团队能够识别出为了实现一个可行的解决方案需要做的所有修改，因为他们有一副全景图可以检查。仅仅头脑风暴并不能提供这幅全景图帮助团队检验是否识别出了所有要做的修改。

2. 待办列表最终成为一份愿望清单

当团队协作地建立解决方案的模型，并利用模型识别所需的修改项时，他们也能利用模型识别出不必要的变更。但通过头脑风暴创建待办列表，往往会产生对于解决方案而言并非必需的待办事项。利用模型作为必要变更的参考，团队也可以识别出在解决问题时哪些是不必要的工作。

14.4.5 如何使用

协同建模的一般步骤是非常简单的。

（1）把正确的人召集在一起。这里“正确”的定义是根据讨论的主题和预期的结果所定义的。

（2）确保大家所在的地方有白板和/或白板纸（最好两者都有），以及大量便签纸和马克笔。

（3）确定讨论的原因。大家在这里是讨论解决方案的整体背景，还是分析具体的流程，或者是要对特定的用户界面或报告达成一致？确定讨论的验收标准：换句话说，你怎么判断讨论是成功的。

（4）确保每个人对当前状态的理解一致。这并不是简单的询问每个人“是否了解当前状态？”。最好的办法是快速勾勒出当前状态，或者从当前状态的已有的表示形式出发，明确地询问每个人是否都同意。如果有任何分歧，调整当前状态的描述，直到所有人都认可它代表了真实的当前情况。

（5）首先让对于所需变化理解最深的人开始描述，并在谈论的同时，在白板上绘制出所需的变化。也可以让某个人对利益相关者提出问题并在白板上勾勒出对于答案的理解，你可能会发现这种引导的方式非常有帮助。这里的关键点是在谈论的同时勾勒出事情的轮廓，以加强对话的效果并达成一致。

（6）当每个人都同意你已经达成在第 3 步定义的验收标准时，结束讨论。

（7）如果有人认为把讨论中勾勒出的图保存起来是有用的，那么就拍张照片并把图片存放在项目约定的文档库中。

这些步骤的细节可能有所不同，这取决于讨论的原因。一些主要的变体在表 14-5 中进行了描述。

表 14-5 协同建模的变体

场景	正确的人	建议的验收标准
定义问题空间	• 关键利益相关者（那些有决策权的人和项目发起人） • 团队	对于范围的界定达成明确共识，从如下角度来看，包括组织的哪些部门以及项目试图达成的目标是什么
定义具体的解决方案	• 关键的行业专家 • 有决策权的利益相关者 • 团队	对于代表未来状态的模型达成一致，根据未来状态生成待办事项列表，或者为日后识别这些待办事项列表提供充分的信息
描述解决方案的特定方面	• 受影响的利益相关者 • 有测试经验的人 • 有开发经验的人	足够用于描述所选择的待办事项的模型

14.4.6 警告和注意事项

用于定义具体解决方案的同一个模型，也可以用来进一步描述解决方案的特定方面。定义具体解决方案的模型可能是通用的，但是当描述解决方案的特定方面时会进一步详细描述这个部分的细节。

当参与讨论的人都在同一个房间时，协同建模的效果最好。当团队的一些成员不在同一地点办公，你也可以借助技术来进行协同建模。将尽可能多的人召集到同一个房间中，然后使用笔记本电脑或平板电脑的摄像头来和远程的团队成员共享白板。如果团队的所有成员都分散在各地，使用共享屏幕和手写应用来模拟电子白板。在这些情况下，关键点是用视觉效果来辅助讨论。

14.4.7　附加资源

Agile Modeling. “Agile Models Distilled: Potential Artifacts for Agile Modeling.” http://agilemodeling.com/artifacts/.

Agile Modeling. “Inclusive Modeling: User Centered Approaches for Agile Software Development.” http://agilemodeling.com/essays/inclusiveModels.htm.

14.5　验收标准

14.5.1　定义

验收标准是解决方案必须满足的条件，以便用户或客户能够接受，或是针对系统级的功能时，消费系统可以接受。它们也是一组陈述，每一个都有明确的通过/失败的结果，它们可以描述功能需求和非功能需求，而且适用于各种层级（特性和用户故事）。

Liz Keogh 指出验收标准对于如下事情是有用的：

- 进一步定义一个故事的边界；
- 作为故事的功能需求；
- 作为一组能够覆盖系统行为的规则，并从中可以派生实例。

验收标准所指出的事情首先要准备就绪，以便产品负责人或利益相关者来验收用户故事是否满足了他们的需求。跟所有定义良好的功能需求一样，验收标准应该侧重于业务意图而不是详细说明解决方案，而这些细节的细化可以留到交付过程中或交付开始前。因为我们不想在验收标准中声明一个具体的解决方案，所以它倾向于与实现无关，即描述团队希望达成什么，而不是他们要如何达成。而这种类型的细节可以留给模型和实例，或者在实际交付时梳理出来。

14.5.2　例子

这个例子包含了会议投稿系统的一组验收标准，具体针对的是评审人对于议题提议反馈评审意见的功能。

```
作为评审人 Reed
我希望评审一个议题
以便于我可以提供反馈给提交人
```

1. 验收标准的思维导图

图 14-4 的例子是会议投稿系统的验收标准的思维导图。

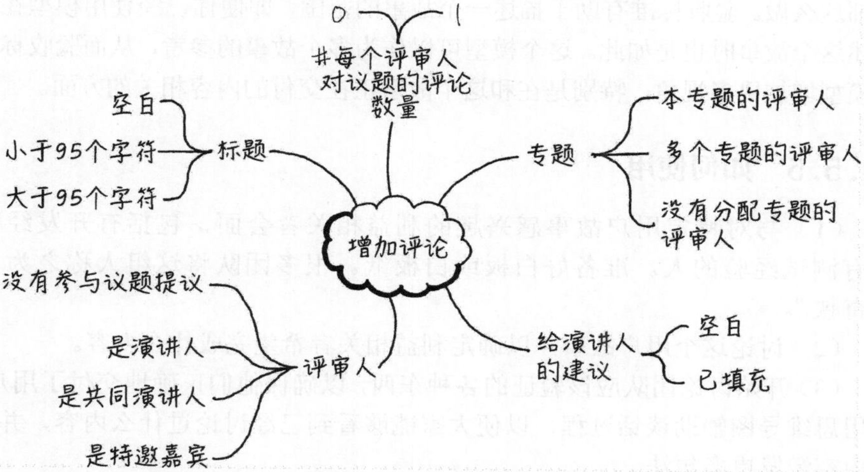

图 14-4 验收标准的思维导图

2. 潜在的验收标准

- 评审人必须为评审意见提供标题和描述。
- 评审人可以标示他们认为这个议题是否应该包含在会议议程中。
- 评审人可以在评审议题时提供任何利益冲突的细节。
- 评审人可以为评审委员会提供建议。
- 提交人对于已评审的议题只能看到评论的标题和描述。
- 提交人只能看到他们自己所提交议题的评论。
- 评审人只能评审他们作为评审人的专题中的议题。
- 评审人不能评审他们作为演讲人或共同演讲人的议题。
- 评审人只能给一个议题提供一条评论。
- 评论标题包含的字符不能大于 95 个。

14.5.3 何时使用

验收标准经常用来为特性和用户故事提供进一步的细节。很多团队发现，尽早确定验收标准有助于在估算之前评估用户故事包含的范围。随着团队进一步对项目展开讨论，对用户故事的理解也会更加透彻。在推进解决方案的交付过程中，他们能够增加更多验收标准。

14.5.4　为什么使用

定义验收标准是为一个故事骨架添加更多细节的好方法，而且我看到大多数团队都这么做。验收标准有助于描述一个故事的范围，即便你已经使用模型在进一步描述这个故事时也是如此。这个模型可以作为多个故事的参考，从而验收标准可以为模型增加更多视角，特别是在和这个故事正在交付的内容相关的方面。

14.5.5　如何使用

（1）与对特定用户故事感兴趣的利益相关者会面，包括有开发经验的人和有测试经验的人。准备好白板或白板纸。很多团队将这组人称之为“义勇三奇侠”。

（2）讨论这个用户故事，以确定利益相关者希望完成什么内容。

（3）开始讨论团队应该验证的各种东西，以确保他们正确地交付了用户故事。使用思维导图辅助谈话过程，以便大家能够看到已经讨论过什么内容，并基于这些内容激发更多想法。

（4）注意思维导图中的验收标准，讨论一下是否所有的验收标准都要应用于这个用户故事，或者验收标准的数量是否表明这个用户故事应该被拆分。

（5）将相关的验收标准记录到待办列表对应的用户故事中。

14.5.6　警告和注意事项

有些团队喜欢在前面加上“要验证……”（Verify that），以强化他们需要验证特定的验收标准来说明一个用户故事完成了。不过这似乎有点重复，因为其背后的暗示已经相当清楚了。另一些团队喜欢以第一人称陈述验收标准，如“我需要提供一个标题和描述，才能提交评审意见。”由此衍生出来的一种形式是利用用户故事的主角来描述验收条件，如“Reed 需要提供一个标题和描述，才能提交评审意见。”无论哪种方式都能发挥作用，并变成交付团队的一种特色。但团队先要对此进行讨论并达成一致，这是有好处的。

RuleSpeak 由 Ron Ross 创建，是“一套能以简明且业务友好的方式表达业务规则的指导原则”（www.rulespeak.com/en/）。因为很多验收条件是一套可以覆盖系统行为的规则，所以应用 RuleSpeak 背后的理念来描述验收条件就很有帮助，特别是在你所处的环境中，如果有人特别关注写下来的具体内容，就更是如此。我唯一的警告就是，如果你不想花费时间把措辞写清楚，而是花太多时间在形式上，那么功能就失去了栖身之所。再强调一遍，关键是获取的信息，团队成员可以理解。一定的准确性是有好处的。但以时间为代价的非常准确的精度并非总是有好处的。如果团队选择在验收标准中使用 RuleSpeak，标准中出现的规则就表明那条规则的实施会被包含在特定用户故事的交付物中。

正如这里介绍的所有技术一样，利用你的常识来选择最有效的模式。不要试图强把一条特定的信息插入到不适合的结构中。

有些验收标准的条目也可以由模型转换而来（例如，包含的信息以及哪些信息是必需的），但你可能希望通过一个特定的用户故事来明确实际上交付了多少东西。

同时，验收标准也可以用来表明用户故事的边界。当你发现一长串验收标准的时候，就表明这个用户故事需要被拆分为更小的故事。

14.5.7 附加资源

Keogh, Liz. “Acceptance Criteria vs. Scenarios.” http://lizkeogh.com/2011/06/20/acceptance-criteria-vs-scenarios/.

Laing, Samantha, and Karen Greaves. *Growing Agile: A Coach’s Guide to Agile Requirements*. https://leanpub.com/agilerequirements.

Mamoli, Sandy. “On Acceptance Criteria for User Stories.” http://nomad8.com/acceptance_criteria/.

Ross, Ron. “RuleSpeak.” www.rulespeak.com/en/.

14.6 实例

14.6.1 定义

实例是通过真实的数据，对解决方案某方面的预期行为的具体描述。实例对于描述解决方案非常有用，并且对验证的方法提供指导。利用实例描述解决方案也被称作实例化需求、行为驱动开发或者验收测试驱动开发。

有两种常见形式可以转化为实例。这两种形式都基于自动化测试框架的需求。

第一种形式用于支持 Fit（the Framework for Integrated Test）。其目的是为了让利益相关者能够在他们熟悉的工具中（如文字编辑器）提供实例，然后开发人员可以安装到“装置”上，以便生成自动化测试。实例在 HTML 文件中被格式化成表格的形式（形成决策表）。表 14-6 显示了这种格式是如何工作的。

表 14-6　决策表中的实例

Input1 Heading	Input2 Heading	Input3 Heading	Output1 Heading	Output2 Heading
Scenario 1 Input1 value	Scenario 1 Input2 value	Scenario 1 Input3 value	Scenario 1 Output1 value	Scenario 1 Output2 value
Scenario 2 . . .	Scenario 2 . . .	Scenario 2 . . .	Scenario 2 . . .	Scenario 2 . . .
Scenario 3 . . .	Scenario 3 . . .	Scenario 3 . . .	Scenario 3 . . .	Scenario 3 . . .
Scenario 4 . . .	Scenario 4 . . .	Scenario 4 . . .	Scenario 4 . . .	Scenario 4 . . .

注意："Fit"这 3 个字母在被赋予 Framework for Integrated Test 的含义之前，就被广泛使用了。所以虽然这里 Fit 是个缩写词，但不该全部大写。

第二种形式通常被称为 Gherkin，这是一种商业可理解的特定领域语言，它用来支持自动化测试工具 Cucumber。Gherkin 是一组语句，每条语句都以关键词开头。

```
Feature: A brief description of what is to be accomplished. Often refers to
a user story.

  Scenario: <A specific business situation>
    Given <precondition>
    And <precondition, if needed>
    And <precondition, if needed>
    When <action>
    And <action>
    Then <testable outcome>
    And <testable outcome, if needed>

  Scenario: <Another specific business situation>
```

14.6.2　例子

这个例子包含会议投稿系统的一组实例，具体的针对是评审人对于议题提议反馈评审意见的功能。

作为评审人 Reed
我希望评审一个议题
以便于我可以提供反馈给提交人

Fit 格式如表 14-7 所示。

表 14-7 会议投稿系统的实例

Reed 的评审专题	演讲人	共同演讲人	议题提交的专题	Reed 能否增加一条评论
Experience Report	Sam		Experience Report	Yes
Experience Report	Sam		Agile Boot Camp	No
Experience Report	Sam	Steve	Experience Report	Yes
Experience Report	Reed		Experience Report	No
Experience Report	Sam	Reed	Experience Report	No

```
In Gherkin:
  Feature: Add Review
  As a track reviewer
  I want to add reviews

  Background:
    Given I am logged in as "Reed"

  Scenario: Review a session
    Given a session exists on my review track
    When I add a review to that session
    Then the review should be added

  Scenario: Able to review draft sessions
    Given a draft session exists on my review track
    When I add a review to that session
    Then the review should be added

  Scenario: Unable to review for other tracks
    Given "Sam" has created a session on another track
    When I try to add a review to that session
    Then I should not be allowed

  Scenario: Unable to review my own session
    Given I have created a session on my track
    When I try to add a review to that session
    Then I should not be allowed

  Scenario: Unable to review sessions I'm a co-presenter on
    Given a session exists on my review track
    And I am the co-presenter on that session
```

```
    When I try to add a review to that session
    Then I should not be allowed

Scenario: May only review a session once and must respond to existing review
    Given a session exists on my review track
    And I have already reviewed that session
    When I try to add a review to that session
    Then I should be taken to the "Existing Review" page
```

14.6.3 何时使用

实例用来描述解决方案的特定方面，常常作为一种方法提供解决方案的行为的进一步细节，而这些细节和特定的用户故事相关。当团队有自动化验收测试时，实例非常有用。但即使团队没有自动化测试，实例依然能够提供价值，因为实例围绕解决方案在特定情况下的行为引发了对话。

不同的实例格式往往适合于不同的情况。Fit 格式适用于有多个输入和/或输出的业务规则。Fit 提供了一种方式，能展示输入变量的所有可能的组合，为团队提供了讨论在每种情况下会发生什么的机会，与此同时，它还能帮你发现真实情况下不会发生的场景。

Gherkin 格式非常适合于某个人与解决方案互动的场景。这种格式的实例往往先描述解决方案的初始状态，之后跟着一些动作和由此产生的状态。

如果你的团队已经在使用特定的自动化测试工具，那么那个工具可能会决定你要使用的实例格式。但如果你的团队使用这些场景来建立特定细节的共识的话，那可以在这两种格式中自由选择最合适的方式。

实例经常用作活文档，提供相对准确的，而且易于理解的，系统执行的规则和解决方案的预期交互行为的参考信息。在会议投稿系统的案例中，当有人报告一个缺陷，或有人提问投稿系统能做什么或该做什么时，我们就充分利用验收标准作为出发点。而这些实例就代表实际的场景，因为我们把自动化测试和我们写的所有代码都关联起来了。当有人提出关于投稿系统的问题时，我首先检查已有的实例，如果发现有什么不对劲的话，十有八九是因为我们没有考虑那种特定的情况。

14.6.4 为什么使用

实例有助于围绕一个解决方案在特定情况下的行为来展开对话，这利于记录下讨论内容以便日后参考（即文档），同时提供一种方式让团队围绕如何检验所构建的解决方案是否工作正常达成一致。以小组的形式创建实例是有帮助的，这样就可以讨论当遇到特定情形时系统该如何反应，并达成一致。这包括要讨论当违反特定的规则或出现解决方案不允许的行为时，解决方案应当提供什么类型的消息。

14.6.5 如何使用

（1）跟“义勇三奇侠”会面：即，对特定用户故事感兴趣的利益相关者、有开发经验的人和有测试经验的人。确保大家碰面的地方有白板或白板纸。你可能会发现，在讨论实例的同时，你也在澄清验收标准。

（2）讨论用户故事，以确定利益相关者希望完成什么内容。

（3）如果你为验收标准创建了思维导图，当讨论实例时参考一下会有帮助。

（4）针对特定的交互或规则，讨论可能发生的各种场景。这些场景包括：

- 正常路径；
- 异常路径；
- 替代路径；
- 边界情况。

（5）对于识别出的每种场景，讨论其是否会真的发生。如果不会发生，就忽略掉。如果会发生，就进一步讨论细节，根据所使用的格式，要么讨论输入和输出，要么讨论先决条件、动作和结果。

（6）一旦确定了所有的场景，就可以讨论一下实例的数量是否表明要拆分用户故事。

（7）把实例记录到代码库的对应的条目中。

14.6.6 警告和注意事项

验收标准可以作为识别实例的起点。然而请注意，你不需要为所有验收标准创建实例。实例有助于提供清晰的方式来解释验收标准，而且便于生成测试，但它们对每个具体的条目而言并非必不可少。验收标准，而并非实例，提供了特定用户故事的更清晰的范围定义，如“它走了多远？”，而实例能够提供对某些方面的更深入的理解。

利用解决方案中期望出现的真实数据创建实例。

直到要自动化这些实例时，再把它们梳理出来。实例可能会涉及一些具体的实现细节，因而在接近交付的时候才能得到，也许在交付之前不久进行“义勇三奇侠”的讨论最有效。

14.6.7 附加资源

Adzic, Gojko. *Bridging the Communication Gap: Specification by Example and Agile Acceptance Testing*. Neuri Limited, 2009.

——. *Specification by Example: How Successful Teams Deliver the Right Software*. Manning Publications, 2011.

Fit "Customer Guide." http://fit.c2.com/wiki.cgi? CustomerGuide.

Gherkin description in Cucumber Wiki. https://github.com/cucumber/cucumber/wiki/Gherkin.

Keogh, Liz. Collection of BDD-related links. http://lizkeogh.com/behaviourdriven-development/.

——. *Behaviour-Driven Development: Using Examples in Conversation to Illustrate Behavior—A Work in Progress*. https://leanpub.com/bdd.

第15章 组织并持久保存解决方案信息

15.1 简介

我在前一章介绍的理解解决方案的技术需要逐步细化，即先用粗线条定义解决方案，然后更详细地描述细节。这种方式显然会提供更多灵活性，并且让团队在过程中可以逐步学习，但有些团队清楚知道现状或特别了解正在进行的解决方案的某一部分，这种方式对于他们可能难以使用。另外，这种逐步积累经验和文档的做法可能导致大家担心没有解决方案的整体信息可供日后的工作参考。

本章将介绍一些技术来应对这些挑战。

发现看板和就绪的定义能够使团队的发现流程更加顺利。换句话说，它使待办事项准备就绪，并对每个条目达成共识。发现看板提供可视化的工具，显示每个待办事项处在发现流程的哪个阶段，就绪的定义提供一种方法帮助团队确认什么时候获得了足够的信息，从而避免花太多时间在分析活动中。

交付看板和完成的定义针对交付过程中的工作提供同样的支持。在交付过程中，解决方案的不同部分会被建造并测试。

最后，系统文档提供了一种方法来维护相关信息，以便日后用于对同一个解决方案有影响的项目。

15.2 发现看板

15.2.1 定义

发现看板（discovery board）是供团队可视化待办列表细化过程的工具。最好的发现看板是由一张白板或一面墙组成，以不同的列代表把产品待办事项准备就绪的几个步骤，以便在迭代中交付（开发和测试）。待办事项由便签纸或索引卡片代表，随着团队对每个故事的细节有了更深的理解，就可以在白板上移动这些卡片。

15.2.2　例子

图 15-1 显示了一个发现看板的示例，表 15-1 对看板的每一列进行了解释。

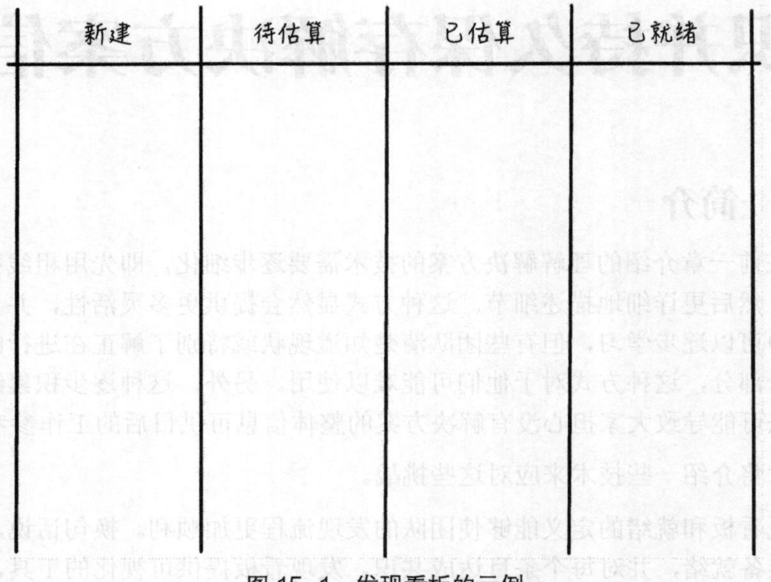

图 15-1　发现看板的示例

表 15-1　发现看板各列的示例

列名	描述	规则（即准入标准）
新建	新识别的用户故事和其他待办事项。而且对于正在调研的用户故事，在卡片上可以打上圆点。当调研结束后，可以打上 X 标记	用户故事
待估算	可以进行估算的用户故事。团队已经为这个故事确定了几条验收标准。可以在每周的估算讨论中进行估算	用户故事 验收标准
已估算	这个队列中的用户故事需要实例、线框图和其他信息，以便于满足就绪的定义。这一列中的用户故事也是“义勇三奇侠”讨论的候选对象	用户故事 验收标准 估算

续表

列名	描述	规则（即准入标准）
已就绪	已经准备就绪的用户故事，可以在迭代计划中进行考虑	用户故事 验收标准 估算 原型 依赖 利益相关者名单 实例

15.2.3 何时使用

当团队使用迭代的方法，如 Scrum 方法，并在相当复杂的环境中工作的时候，发现看板会非常有用。在这种情况下，团队会发现，在进入迭代交付用户故事之前先进行分析并深入用户故事的细节是非常有帮助的。

15.2.4 为什么使用

发现看板对团队的待办列表进行可视化，并显示有多少待办事项已经准备好进入下一个迭代。发现看板也能帮助团队成员确定在估算会议上要讨论哪些产品待办事项，哪些用户故事要添加更多细节。这能帮助团队更加有效地进行迭代计划会议。

当与利益相关者谈论团队在待办列表中遇到的困难时，发现看板也能提供可视化辅助，例如，有太多待办事项的信息不够，或者有价值的故事数量不够。

15.2.5 如何使用

1. 创建发现看板

（1）把团队召集在一起，讨论可视化待办列表的细化过程是否有用，如果是的话，继续下一步。

（2）讨论待办列表细化过程的步骤。虽然确定哪一个步骤要设置单独的一列有点主观，但还是有一些指导原则。如果不同的步骤能够由不同的人来完成，或者讨论需要提前在某些点做些准备的话，这些就可能作为候选成为独立的一列。了解每个待办事项是否都经过这一步，也可以用来指导团队，如果是的话，也可以作为候选。

（3）确定每一列的规则。如下可以作为准入标准：为了让一个待办事项进入这一列，需要准备好什么事情？

（4）确定步骤之间是否需要任何代表缓冲区的列。如果团队知道了哪些待办事项正在被处理以及哪些待办事项只是在等待下一步处理，而他们能够从中发现价值的话，设置缓冲区的列就特别有用。

（5）确定团队希望在便签纸或索引卡片上展示什么信息以便于跟踪产品待办事项，并为当前流程中的每个待办事项创建一张卡片。

（6）把在流程中的待办事项放到合适的列里面。

（7）确定团队希望用什么标记来表示看板上列没有指明的事情，如受阻的待办事项或者需要进一步研究的待办事项。

2. 使用发现看板

一旦团队创建了发现看板，他们就应该在待办列表细化过程（发现流程）中使用它作为产品待办事项的状态的参考。

根据看板上设置的列，有些列可以作为团队活动的议程（如估算讨论），并且可以作为是否需要估算讨论的指示器（如没有准备好可以估算的故事）。

对于关注发现流程的人们，发现看板也可以作为他们的待办列表，帮助他们决定下一个要准备就绪的待办事项是哪个。它也为其他团队成员提供了线索，显示是否需要他们提供帮助来确保团队有足够的待办事项加入进迭代计划。

让一位团队成员承担责任，重点关注移动看板上的待办事项，并负责和团队及利益相关者进行讨论，以便为下个迭代准备好正确的待办事项（即，一旦完成就能产生最大价值的待办事项）。

最后，把发现看板和交付看板（本章稍后讨论）放在一起的好处在于，方便团队能在看板前面进行每天的协作讨论（站立会议）。这主要聚焦于讨论在发现看板或交付看板上进行中的事项，而不是让人们回答3个问题：他们做了什么，他们要做什么，以及他们遇到了什么问题。

15.2.6 警告和注意事项

虽然创建了发现看板，但千万不要以为所有的发现活动都发生在把待办事项准备就绪的过程中。的确有大量的发现活动发生在这里，但随着用户故事进入到开发和测试过程中（此时待办事项在交付看板中跟踪），也有一些发现活动会发生。

每个团队设置的列可能不同。每个发现看板的格式和布局是基于团队如何进行待办列表的细化过程而设置的。

待办事项从左到右通过看板墙。在每一列中，待办事项的位置表示其优先级，即出现在列最上方的待办事项应该优先处理。

发现看板大致上是基于看板方法的理念，其中的条目随着持续流过看板墙，准备好加入到迭代计划中，这与交付看板不同，交付看板在每个迭代结束时可以有效地清除并复位。

我见过的使用发现看板的大多数团队，都没有实施在制品限制。但这并不等于说，在某一点上他们不会这么做，特别是当他们发现流经细化流程的待办列表的进展不够顺利时更加如此。但对于这些团队，使用足够数量的待办事项作为目标以便为下次迭代计划准备就绪，把它作为看板上条目数量的调节器，看上去就足够了。

当发现看板是一块物理看板并且它上面的条目由团队跟踪时，它才是最有效的。人们往往习惯于瞟一眼墙上快速地检查一下状态，而不是花一些精力使用工具去检查里面的条目状态。物理看板也可以辅助每天的协作讨论，因为人们可以真实地移动卡片，并且在讨论一个特定条目时，可以指着它。

物理看板在显示状态时非常有用，但是当团队是虚拟团队时，或者团队需要维护产品待办事项的详细信息时，它就不是那么有用了。有一种方法适用于这种团队，就是既用物理看板也用电子看板。物理看板可以作为待办事项的状态记录，而电子看板可以作为产品待办事项的详细信息记录。如果物理看板和电子看板不一致，那么可以相信物理看板。当然，一旦注意到差异，团队应当将两者同步一致。许多敏捷工具能够图形化地表示看板，而有些团队意识到，把发现看板和交付看板的视图复制给远程团队成员是很有帮助的。

15.2.7 附加资源

Maassen, Olav, Chris Matts, and Chris Geary. *Commitment: Novel about Managing Project Risk*. Hathaway te Brake Publications, 2013.

McDonald, Kent J. "How Visualization Boards Can Benefit Your Team." Stickyminds.com. https://well.tc/5Rb.

15.3 就绪的定义

15.3.1 定义

就绪的定义是一组达成一致的条件。当认为一个待办事项准备就绪可以包括在迭代中进行交付时，这组条件需要为真。

15.3.2 例子

我所看到的在就绪的定义中最常包含的条件如下：

- 足够小的用户故事；
- 验收标准；
- 可测试的实例；
- 原型或合适的模型（当适用时）；
- 依赖列表；
- 受影响的利益相关者。

15.3.3 何时使用

跟发现看板一样，当团队遵循一套迭代的方法（如 Scrum）并且工作环境非常复杂时，就绪的定义会非常有用。在这种情况下，对团队来说，在进入迭代交付用户故事之前先进行分析并深入用户故事的细节是非常有帮助的。

15.3.4 为什么使用

对一个待办事项在被包含进一个迭代之前需要知道什么信息达成共识非常重要。就绪的定义提供了这种共识，而且更进一步定义了“恰好足够”的分析是什么样的。实际上，团队为了启动开发和测试一个用户故事，对于所需信息的具体水平就达成了一致。如果你总是想知道如何确认已经做完了分析的话，就绪的定义可能正是你所需要的工具。

具有并使用就绪的定义还有另一个效果就是，往往令迭代计划进行得更加顺利。因为决定是否要包含一个待办事项到迭代中的条件已经知道，所以团队在迭代计划时会省去大量的分析时间。

15.3.5 如何使用

（1）把团队召集在一块白板前面，说明讨论的目的是针对待办事项在进入迭代计划之前需要知道什么信息，对这个问题要达成一致。

（2）让团队产生一个清单，里面包含一个待办事项在进入迭代计划之前所有要确定的东西。

（3）一旦增加新条目的干劲儿没了，就可以从头开始检查清单。让团队考虑对于每个待办事项，他们建议的各个条目是否合理。

（4）持续修改这个清单，直到大家对得到的条目感到舒服为止，通常这时比第一版清单要短。这个清单就是团队的就绪的定义。

（5）使用就绪的定义确定一个待办事项是否被充分理解，是否可以包括到迭代当中。

15.3.6 警告和注意事项

合适的就绪的定义是和特定团队相关并由团队决定的。当团队准备开始一起工作时，对于这个问题的讨论将发挥很大的作用。跟本书中介绍的许多其他技术一样，创建就绪的定义的对话是非常宝贵的，但讨论的实际结果也是相当有用的。

对于刚刚转型到敏捷的团队，这个讨论也非常有趣。这个讨论常常使团队成员第一次意识到，他们可能不需要跟采用敏捷方法之前一样分析到同样的程度。有些人直到尝试利用就绪的定义来准备待办事项时才注意到这一点。

就绪的定义有一个假设，即迭代发生的第一件事就是开发代码，无论是测试代码还是生产代码。

你可能会发现，在就绪的定义中有些条件要考虑“当适用时”，或者有一两个条件有些团队成员严格坚持要满足，就如同每个故事都满足这些条件，事关他们的生命一样重要。如果你有这种条目，就让它们现在作为就绪的定义的一部分，并提醒团队就绪的定义并不是一成不变的，是可以修改的。但这不等于说，当方便的时候，就绪的定义可以忽略，而是指团队可以在回顾会议中专门讨论就绪的定义是否合适，并且根据经验进行修改。

如果团队使用发现看板，就绪的定义可以作为“准备好进入迭代计划”这一列（在 15.2.2 小节发现看板的例子中称为“已就绪”）的规则，以帮助判定一个条目是否可以移入这一列。

15.3.7 附加资源

Agile Alliance. “Definition of Ready.” http://guide.agilealliance.org/guide/definition-of-ready.html.

Linders, Ben. “Using a Definition of Ready.” *InfoQ*. www.infoq.com/news/2014/06/using-definition-of-ready.

15.4　交付看板

15.4.1　定义

交付看板是团队在迭代中可视化交付流程的方法。最好的交付看板是由一张白板或一面墙组成，分隔为不同的列，表示团队在迭代中开发并测试待办事项的几个步骤。待办事项由便签纸或索引卡片代表，随着团队越来越接近功能的交付，可以在白板上移动这些卡片。

15.4.2　例子

图 15-2 显示了一个交付看板的例子，表 15-2 中给出了每一列的描述。

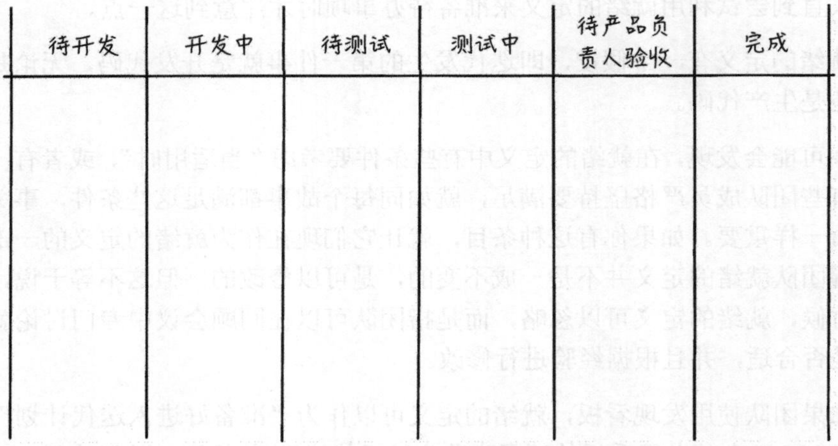

图 15-2　交付看板的示例

表 15-2　交付看板的各列的示例

列名	描述	规则（即准入标准）
待开发	纳入当前迭代的待办事项在这一列排队等待开发。这一列是在迭代计划时填充的	待办事项已就绪 纳入迭代进行交付
开发中	团队正在开发这一列中的待办事项	团队成员正在处理待办事项
待测试	这一列是为排队等待测试的待办事项准备的	代码开发完成 单元测试完成 提交到测试环境

续表

列名	描述	规则（即准入标准）
测试中	团队正在测试待办事项	代码开发完成 单元测试完成 提交到测试环境 根据验收标准进行独立测试（由不同于开发代码的人进行）
待产品负责人验收	这一列的待办事项在排队等待产品负责人验收	代码开发完成 单元测试完成 提交到测试环境 独立测试完成——满足验收标准 问题得到解决
完成	待办事项已经准备好，可以部署到生产环境	（完成的定义） 代码开发完成 单元测试完成 提交到测试环境 独立测试完成——满足验收标准 问题得到解决 产品负责人验收通过

15.4.3 何时使用

当团队使用固定时间盒的迭代的方法（如 Scrum 方法时），交付看板非常有用，而且它会有助于跟踪在迭代里待办事项的状态。如果团队遵循一个过程流的话，发现看板和交付看板通常整合为一张看板墙，你可以在墙上展示从新想法到完成并部署的所有步骤。

15.4.4 为什么使用

交付看板使迭代过程中待办事项的状态可视化。使用它可以省去迭代燃尽图，因为它能图形化地展示待办事项在迭代中到达“完成”有多快（或有多慢）。

交付看板还提供了可视化的辅助，以便团队之外的人了解待办事项的进展，甚至能够帮助管理这个团队能在一个特定迭代中完成多少工作的预期。

15.4.5 如何使用

1. 创建交付看板

（1）把团队召集在一起，讨论可视化待办事项的开发和测试流程是否有用，如果团队认为有用的话，继续下一步。

（2）讨论团队的开发流程。跟发现看板类似，虽然确定哪一步骤要设置单独的一列有点主观，但还是有一些同样的指导原则：这些不同的步骤是由不同的人来完成的吗？讨论是否需要提前在某些点做些准备？每个待办事项都要经过这一步吗？

（3）确定每一列的规则。如下可以作为准入标准：为了让一个待办事项进入这一列，需要完成什么事情？

（4）确定步骤之间是否需要任何代表缓冲区的列。如果团队知道了哪些待办事项正在被处理以及哪些待办事项只是在等待，而且他们能够从中发现价值的话，设置缓冲区的列就特别有用。

（5）确定团队希望在索引卡片（便签纸）上展示什么信息以便于跟踪产品待办事项，并为当前流程中的每个待办事项创建一张卡片。

（6）把在流程中的待办事项放到合适的列里面。

（7）明确团队希望用什么标记来表示看板上列没有指明的事情，如受阻的待办事项或者需要进一步研究的待办事项。

2. 使用交付看板

一旦团队创建了交付看板，他们就应该在迭代中使用它作为待办事项的状态的参考。

对于关注交付流程的人们，交付看板也可以作为他们的待办列表，帮助他们决定接下来要处理哪个待办事项。

最后，把交付看板和发现看板（本章前面讨论的）放在一起的好处在于，团队能在看板前面进行每天的协作讨论（站立会议），并聚焦于讨论看板上这些进行中的事项。与其让人们回答 3 个问题：他们做了什么，他们要做什么，以及他们遇到了什么问题，这可以作为一种替代方式。

15.4.6 警告和注意事项

每个团队设置的列可能不同，这取决于团队如何进行开发和测试过程[①]。

在流程的每一步都通过列表示之后，待办事项的进展就可以通过从左到右流经看板墙来表示。在每一列中，待办事项的位置表示其优先级，即出现在列最上方的待办事项应该优先处理。如果待办事项的优先级变化了，它在列中垂直的位

① 原著有误，原著此处是“这取决于团队如何进行待办列表的细化”。——译者注

置也要相应变化。

交付看板在每个迭代结束时会被清除，同时会在迭代计划时重新填入待办事项。这就意味着，如果有待办事项在迭代结束时依然在进行中的话，这些事项要从交付看板取下放入待办列表，供下个迭代考虑。这些待办事项可能会被纳入下个迭代，如果这样的话，它们就重新放入上个迭代所处的列中，但这种从一个迭代到下一个迭代的遗留事项通常应当尽量避免。

交付看板上的在制品限制远比发现看板上要常见，通常是因为团队需要更多技术帮助他们不断推进待办事项直到完成。

当交付看板是一块物理看板并且它上面的条目由团队跟踪时，它才是最有效的。人们往往习惯于瞟一眼墙上快速地检查一下状态，而不是花一些精力使用工具去检查里面的条目状态。物理墙也可以辅助每天的协作讨论，因为人们可以真实地移动卡片并且在讨论一个特定条目时，可以指着它。

物理看板在显示状态时非常有用，但是当团队是虚拟团队时，或者团队需要维护产品待办事项的详细信息时，它就不是那么有用了。有一种方法适用于这种团队，就是既用物理看板也用电子看板。物理看板可以作为待办事项的状态记录，而电子看板可以作为产品待办事项的详细信息记录。如果物理看板和电子看板不一致，那么可以相信物理看板。当然，一旦注意到差异，团队应当将两者同步一致。许多敏捷工具能够图形化地表示看板，而有些团队意识到，把发现看板和交付看板的视图复制给远程团队成员是很有帮助的。

15.4.7 附加资源

Maassen, Olav, Chris Matts, and Chris Geary. *Commitment: Novel about Managing Project Risk*. Hathaway te Brake Publications, 2013.

McDonald, Kent J. "How Visualization Boards Can Benefit Your Team." Stickyminds.com. https://well.tc/5Rb.

15.5 完成的定义

15.5.1 什么是完成的定义

完成的定义是团队达成一致的一组条件，当认为一个待办事项完成，并且能对利益相关者交付价值的时候，这组条件需要为真。

15.5.2　例子

完成的定义通常包括如下条目：

- 满足验收标准；
- 通过测试；
- 产品负责人验收通过；
- 项目发起人验收通过；
- 培训脚本完成；
- 帮助文档完成；
- 代码评审完成；
- 集成通过；
- 编译通过；
- 可用性测试完成；
- 自动化测试通过；
- 用户文档完成；
- 操作手册完成。

15.5.3　何时使用

当团队遵循一种迭代的方法（如 Scrum），并要对迭代中的待办事项需要完成的内容达成一致时，完成的定义就非常有用。跟完成的定义类似的一个概念也在流式方法中使用，就是把待办事项移入开发过程中最后一步时要满足的规则。

15.5.4　为什么使用

对一个待办事项在交付给利益相关者之前需要完成哪些事情达成共识非常重要。完成的定义提供这种共识，而且有助于澄清对于一个特定的待办事项需要完成多少工作以及需要哪一种测试和文档工作。

具有并使用完成的定义的另外一个好处是，消除了针对一个待办事项是否真地完成了的无用的主观的讨论，使团队非常清楚为了完成一个待办事项需要做些什么。这种共识也有利于估算，因为团队知道为了交付一个待办事项要做什么事情。这对于开发之外的活动也特别有帮助，即为了交付一个待办事项需要做的测试和文档工作。

15.5.5　如何使用

（1）把团队召集在一块白板前面。说明讨论的目的是要针对待办事项被认为完成需要满足什么条件进行讨论并达成一致。

（2）让团队产生一个清单，里面包含交付一个待办事项所有要做的事情。

（3）一旦增加新条目的干劲没了，就可以从头开始检查清单。让团队考虑对于每个待办事项，他们建议的各个条目是否合理。

（4）持续修改这个清单，直到大家对得到的条目感到舒服为止，通常这时比第一版清单要短。这份最终清单就是团队的完成的定义。

（5）持续不断地使用完成的定义确定一个待办事项是否能交付给利益相关者。

15.5.6 警告和注意事项

跟就绪的定义一样，完成的定义的列表中包含的内容并非要穷尽所有内容，也不是要设置一组严格的规则——对于无论是什么待办事项都必须严格满足这些条件。为了让团队认可用户故事已经完成，团队要讨论哪些条件必须为真。这个列表也不是一成不变的，团队有时会在回顾时审查并修改它。

完成的定义应该作为量尺来确定待办事项是否准备好为利益相关者提供价值，而不是用来确定团队为了完成待办事项是否做足了“学分”。

围绕完成的定义，讨论的关键点主要是团队会为每个故事完成哪种测试，以及为每个故事需要完成什么文档。这些问题的答案推动了关于团队流程的许多决策，而且测试的问题会在团队内引起很多顾虑。建立完成的定义时，可以通过建立一组初始测试集来解决这些顾虑。尝试一下，看看事情会变成什么样子，然后团队可以调整测试的级别并相应地修改完成的定义。

有些团队在完成的定义中包含部署到生产环境这个条件。其他一些团队所处的位置在迭代结束时无法部署到生产环境，他们可以包含部署到预发布环境这个条件，并建立一组单独的发布标准，以指明代码在发布到生产环境时要满足的条件，这些发布标准通常适用于多个迭代的结果。

15.5.7 附加资源

Agile Alliance. “Definition of Done.” http://guide.agilealliance.org/guide/definition-of-done.html.

Lacey, Mitch. “Definition of Done.” www.mitchlacey.com/intro-to-agile/scrum/definition-of-done.

Scrum.org. “Definition of Done.” www.scrum.org/Resources/Scrum-Glossary/Definition-of-Done.

15.6 系统文档

15.6.1 什么是系统文档

系统文档是解决方案的相关信息，并作为日后维护和更新的工作的参考。它根据系统的功能而不是系统的变更进行组织，这使得维护解决方案的人们能够快速找到所需的信息。

虽然解决方案本身（以及相应的测试）能够提供大量信息，但总是有需求想要更多信息，特别是那些并不明显的方面。这些信息可以使用多种形式来组织，而我通常喜欢用如下形式的一些组合：

- 术语表——在解决方案所处的领域中，常用术语的定义；
- 业务规则目录——规则的描述，虽然没有说明如何执行这些规则（这个信息通常在另一种工件中记录或由测试所代表）；
- 元数据——用来描述系统收集、存储和提供的数据的数据；
- 过程流——系统支持的业务流程的描述；
- 用户接口——系统后台操作的描述，或者与用户接口相关的业务规则执行的描述；
- 权限——系统中什么角色可以执行什么功能的描述。

15.6.2 例子

对于会议投稿系统，我们使用 GitHub 作为源代码控制。在更新系统过程中，沟通所需要的文档也存储在里面。每个变更都被列为一个条目，并且细节描述都在来来回回的评论中，这些信息帮我们澄清了利益相关者的期望。

我们也为每个事项保存了实例。这些实例也是根据系统特性组织的，当我们探究投稿系统工作不正常的问题时，我会首先参考这些实例。十有八九，这个问题是因为我们没有考虑那种特定的情况，证据就是缺少对应的实例。

为了补充实例，还有弥补我糟糕的记性，我还创建了电子表格来记录权限信息，以及在特定情况下系统会发出的通知消息。这些往往就是存储在 GitHub 或系统之外的主要信息。

15.6.3 何时使用

任何时候，只要你有一个解决方案需要在其生命周期内进行维护和更新，系统文档都是有用的。从广义上来说，这适用于大多数由 IT 组织来构建或实施的系统。如果系统不是由最初开发的团队维护，而是别的团队进行维护，系统文档就更加有用了。即便解决方案是由同一个团队开发并维护，系统文档也会派上用场，特别是如果解决方案具有很长的生命周期（如超过一年）时更是如此。

15.6.4 为什么使用

创建描述系统的文档无法立即交付价值。然而，从长远来说，这对于维护和更新系统的人而言非常有用——足够值得来做这件事，但这又没有重要到你应该花费大量时间和精力来做。这对于项目中的文档同样适用。对于项目文档而言，主要目的是帮助建立共识。

在这两种情况下，你都是为某个目的在创建文档，而且一旦你知道了这个目的，那么基于目的组织文档结构就是一个好主意。对于系统文档，你希望它反映解决方案的当前状态，而且你希望以直观的方式进行组织——而基于解决方案自身的组织方式具有很大可能性。

15.6.5 如何使用

（1）确定谁是系统文档的主要受众。通常来讲，受众是持续维护解决方案的人，可能包含也可能不包含当前在解决方案中工作的人。

（2）把这些人作为另一组利益相关者，并找出他们为了维护解决方案需要什么信息，以及他们希望信息呈现的方式是什么形式（wiki、共享驱动器上的文档、三孔活页夹等）。

（3）确定一个创建系统文档的计划，而且对于遵循这个计划要有足够信心。大多数团队在创建系统文档时，要么建立一个待办事项表示创建系统文档的工作，要么在完成的定义中包括更新系统文档。使用完成定义的方式通常会增加系统文档被创建的可能性，因为使用待办事项的方式的话，这个事项可能永远不会放入一个迭代中。

（4）建立一个大家认可的系统文档库，确保大家在需要的时候可以访问也易于更新。你的组织对于这种文档库应该是什么样子可能已经有标准了。

（5）创建系统文档并保持更新。

15.6.6 警告和注意事项

文档的需求来自两个方面：客户要求（用户手册，帮助文档，有时也会要系统文档），或者团队认为其有助于他们的工作（项目文档和系统文档）。

此时区分项目文档和系统文档可能是有好处的。我使用“项目文档”这个术语，是指团队在特定项目中用来帮助沟通和记录变更的任何文档，这种信息最好根据变更进行组织。文档使用的范围是基于团队通过其他方式沟通的效果和所使用的形式来确定的。我倾向于采用非常轻量的项目文档，包括以下内容：

- 待办事项：这是用来跟踪各种事情的方法，主要是交付团队试图帮助利益相关者完成的事情——而这也是一种用来组织交付团队要完成的各种变更的有效方式。
- 实例：使用“Given-When-Then”的场景或决策表的形式给出的结构化信息，用于描述在故事交付后，系统的行为或期望执行的规则。
- 模型：进一步描述故事的线框图、数据模型或过程流。模型一般是通用的，以便描述多个故事，但有时也可以针对一个特定的故事创建一个模型。
- 验收标准：故事的进一步描述，通常是还没有被实例和模型所覆盖的内容。

项目文档本质上是临时的，是用来描述项目中所要做的具体的变更，因而取决于当时具体的状态和未来的状态。我倾向于采用非常轻量的项目文档，只要满足团队需要就可以。就绪的定义针对项目文档提供了一个“刚好够用”的定义，然后我会创建独立的系统文档作为日后工作的参考。这类软件文档包含持续维护解决方案所需要的有用信息，也可能包含一些原本在项目文档中的信息。

待办事项可以作为发布通知的一种信息来源，而实例、模型和验收标准可能提供信息给系统文档，但这些都不能构成系统文档本身。

很多团队计划会使用设计文档和技术需求作为系统文档。如果这么做，他们应当更新这些文档以反映系统实际建造的样子。但这无法改变这些文档是根据系统变更进行组织的事实，因而在下个项目中可能很难找到所需的信息。

关于文档是否有价值，不同的人有不同的意见。在某些人心目中，系统文档的名声很差。在很多方法中，文档被认为是一种衡量项目进展的方式，于是很多交付团队的成员认为文档是必须要做的事情——作为必要步骤的清单上的一个检查项，从而他们就能知道项目的进展情况。敏捷方法建议团队使用不同的方式衡量进展——可工作的软件或交付的价值——这样团队就能摆脱文档的负担。

15.6.7 附加资源

Ambler, Scott. “Best Practices for Agile/Lean Documentation.” www.agilemodeling.com/essays/ agileDocumentationBestPractices.htm (though I still insist there is no such thing as “best practices”).

McDonald, Kent J. “Comprehensive Documentation Has Its Place.” StickyMinds.com. https://well.tc/qxv.

第四部分　资　　源

术语表

简介

下面是本书中使用的关键术语的定义。如果定义是从特定来源得到的，我会在定义下面列出来源。如果定义是我根据它在书中的用法建立的，则不在此列出来源。

定义

验收标准（acceptance criteria）

验收标准是解决方案必须满足的条件，以便用户、客户，或是（系统级的功能的）消费系统可以接受。它们也是一组陈述，每一个都有明确的通过/失败的结果，它们可以描述功能需求和非功能需求，而且适用于各种层级（特性和用户故事）。

可付诸行动指标（actionable metrics）

可付诸行动指标可以提供信息，以帮助用户做出明智决策并采取相应行动。

分析（analysis）

参见“业务分析”。

来源：http://dictionary.reference.com/browse/analysis

分析师（analyst）

参见“业务分析师”。

锚效应（anchoring effect）

锚效应是一种认知偏见，用于描述人们普遍倾向于在决策时过分依赖于得到的第一条信息（“锚”）。

来源：http://en.wikipedia.org/wiki/Anchoring

良好实践（appropriate practice）

良好实践是可以在一定情境中发挥作用的实践。这一术语是用来代替“最佳实践”，以便于强调实践的情境相关的本质，即在一种情况下有效并不意味着在另一种情况下也有效。

任意（决策机制）（arbitrary (decision mechanism)）

在这种决策方式中，决策由某种任意的方式做出（如石头剪刀布的方式）。

来源：www.ebgconsulting.com/Pubs/Articles/DecideHowToDecide-Gottesdiener.pdf

可用性启发（availability heuristic）

可用性启发是一种心理捷径，依赖于立即出现在脑海中的例子。

来源：http://psychology.about.com/od/aindex/g/availability-heuristic.htm

BABOK v3

《Guide to the Business Analysis Body of Knowledge Version 3》

来源：《Guide to the Business Analysis Body of Knowledge Version 3》

BACCM（业务分析核心概念模型）（business analysis core concept model）

业务分析师的概念框架，包括业务分析的定义和内容，并且这些内容与进行业务分析工作的人的视角、行业、方法或组织中所处的层级无关。

来源：BABOK v3

骨架（backbone）

用户故事地图中使用的术语，指的是由活动组成的一条叙事流（flow），以及能概括这个工作流的更大的活动集合。

攀比效应（bandwagon effect）

因为很多人都做（或相信）同一事件，而产生的也做（相信）这些事情的倾向。与群体思维相关。

来源：http://rationalwiki.org/wiki/List_of_cognitive_biases

刚好够用（barely sufficient）

由 Alistair Cockburn 提出的针对软件开发方法的术语。刚好够用的方法在特定情境中为团队成功提供最少的处方。Cockburn 指出，刚好够用的方法针对不同团队是不同的，而且对于同一个团队也会随时间变化而变化。

来源：http://alistair.cockburn.us/Balancing+lightness+with+sufficiency

打破模型（break the model）

一种在特性注入（由 Chris Matts 创建）中使用的技术，其中解决方案的模型不断地由新实例测试。如果这些实例（假设是有效的）打破了模型，那么就需要对模型进行调整，以便支持这个实例和之前所有的实例。这种技术是一种驱动持续学习解决方案本质的方法。

创建－评估－学习循环（build-measure-learn loop）

创建－评估－学习循环是精益创业的核心，这个循环过程将想法转化为产品，评估客户针对产品的反应和行为，并学习是否坚持想法或转型。这个循环过程会持续不断地运行下去。

来源：http://en.wikipedia.org/wiki/Lean_startup#Build-Measure-Learn

业务分析（business analysis）

一种支持企业进行变更的实践，这种实践通过定义需求并推荐解决方案交付价值给利益相关者。这种实践可以使企业清晰地表达需求和变更背后的原因，并设计和描述可以提供价值的解决方案。

来源：BABOK v3

务分析师（business analyst）

业务分析师是完成业务分析任务的任何人，无论他的职位或组织中的角色是什么。

来源：BABOK v3

业务案例（business case）

采取行动的理由，是基于通过使用建议的解决方案获得的收益与采购并维护该解决方案的成本、投入和其他考虑因素相比较而得到的。

来源：BABOK v3

业务领域模型（business domain model）

一个在逻辑上代表组织的关键概念及其关系，经常用于建立关于组织最重要信息的共识的模型。

业务价值（business value）

产品、活动或项目帮助组织达成一个或多个目的的程度。

业务价值模型（business value model）

一种描述项目产生价值的方式，使用针对选中目标的一组变量所产生的影响进行描述，从而项目团队就能在过程中根据获得的新信息（如这些变量的变化）以定期重新评估期望。

变更（change）

变更是指受控的组织系统转型。

来源：BABOK v3

集群错觉（clustering illusion）

集群错觉是指从一串随机数字或事件中发现模式的认知偏见。

来源：http://rationalwiki.org/wiki/Clustering_illusion

认知偏见（cognitive bias）

描述人在处理信息时所固有的思维错误。这些思维错误让人无法准确地理解现实，甚至当所有需要的数据和证据都摆在面前时依然无法得到一个准确的观点。

来源：http://rationalwiki.org/wiki/List_of_cognitive_biases

合作（collaboration）

合作是指一起工作完成共同的目标。

协同建模（collaborative modeling）

协同建模是指以协同的方式，使用知名的需求分析和建模技术，建立并维护问题空间和潜在的解决方案的共识。

承诺、变更或者停止（commit to, Transform, or Kill）

Johanna Rothman 建议的针对提议、IT 项目和解决方案的决策选项，这是对每一个项目组合中的条目应当经常询问的问题。

来源：Rothman 的著作《Manage Your Project Portfolio》

承诺量表（commitment scale）

承诺量表是一种利益相关者分析技术，能够衡量利益相关者当前对项目的承诺水平，也可以分析为了确保项目成功所需的承诺水平。

公司扩张（company building）

客户开发框架的第四步，表示公司的部门和运营流程建设起来以支持扩张。

来源：Cooper 和 Vlaskovits 的著作《The Entrepreneur's Guide to Customer Development》

公司创建（company creation）

客户开发框架的第三步，表示通过一个可重复的销售和市场路线图，业务是可扩张的。

来源：Cooper 和 Vlaskovits 的著作《The Entrepreneur's Guide to Customer Development》

确认偏差（confirmation bias）

确认偏差是指人们（自觉或不自觉地）以确认其先入之见的方式搜寻信息并忽视相反的信息的倾向。这是一种认知偏见，并且针对于研究假设的确认，是一种选择偏差。

来源：http://rationalwiki.org/wiki/Confirmation_bias

共识（consensus）

一种寻求所有参与者都同意的群体决策过程。共识可以定义为可接受的解决方案，是每个人都支持的，但并不一定是每个人最希望的解决方案。

来源：http://en.wikipedia.org/wiki/Consensus_decision-making

情境（context）

情境是影响变更、受变更影响并提供变更信息的环境。

来源：BABOK v3

环境图（context diagram）

环境图是一种分析技术，能够显示正在考察的系统以及该系统和受项目影响的其他系统间的信息流/数据流。

情境领导模型（context leadership model）

情境领导模型是基于项目的不确定性和复杂性对项目进行分类的模型。这个模型可以用于风险评估，也能对项目采取的合适方法提供指导。

核心概念（core concept）

业务分析实践的六个基本理念，即变更、需要、解决方案、情境、利益相关者和价值。业务分析核心概念模型（BACCM）在动态概念系统中描述了这些核心概念的关系。所有概念都是平等和必需的：其中没有“基本”概念，而且每个概念都是由其他核心概念定义的。正因为如此，除非所有六个核心概念都理解，否则很难透彻理解任何一个单独的概念。

来源：BABOK v3

知识的诅咒（curse of knowledge）

知识的诅咒是一种认知偏见，它会导致掌握大量知识的人很难从一个欠明智的视角进行思考。

来源：http://en.wikipedia.org/wiki/Curse_of_knowledge

客户（customer）

客户是使用企业生产的产品或服务的利益相关者，他们可能有合同权利或道德上的权利，因而企业有义务要满足他们。

来源：BABOK v3

客户开发（customer development）

客户开发是一个 4 步框架，它能用来发现并验证产品的市场，创建能解决客户需要的产品特性，测试用于获取并转化客户的方法，并部署合适资源以支持业务规模化。

来源：Cooper 和 Vlaskovits 的著作《The Entrepreneur's Guide to Customer Development》

客户发现（customer discovery）

客户开发框架的第一步，聚焦于验证产品是否解决了一组特定用户的问题。

来源：Cooper 和 Vlaskovits 的著作《The Entrepreneur's Guide to Customer Development》

客户－问题－解决方案假设（customer-problem-solution hypothesis）

客户开发的一个元素，是指组织的客户、他们的问题以及解决问题的方案组合在一起形成的假设。

来源：Cooper 和 Vlaskovits 的著作《The Entrepreneur's Guide to Customer Development》

客户检验（customer validation）

客户开发框架的第二步，聚焦于检验市场是否可以扩张并且足够大，从而能建立一个可行的业务。

来源：Cooper 和 Vlaskovits 的著作《The Entrepreneur's Guide to Customer Development》

数据字典（data dictionary）

一种描述数据元素的标准定义、含义和允许值的分析技术。

来源：BABOK v3

决策者（decider）

决策者是指负责做出决策的人。

决策者经过讨论进行决策（decider decides with discussion）

一种决策模式，决策者先对信息充分讨论再进行决策。

决策者不经讨论进行决策（decider decides without discussion）

一种决策模式，决策者在不征求其他人意见的情况下做出决策。

决策过滤器（decision filter）

决策过滤器是一个以问题形式描述的指导目标，用来帮助指导决策。对于多种级别的决策都很有用，包括战略、项目、特征、会议目的等多种层级。例如：这份信息能帮助我们通过分析改进项目吗？

决策领导者（decision leader）

决策领导者负责确保由正确的人基于尽可能多的信息做出决策。

完成的定义（definition of done）

完成的定义是敏捷方法中使用的一种技术，是指当一个用户故事被认为是完成时必须要满足的一组标准，而这组标准需要团队达成一致并突出地展示出来。

来源：http://guide.agilealliance.org/guide/definition-of-done.html

就绪的定义（definition of ready）

就绪的定义是敏捷方法中使用的一种技术，是指在一个用户故事进入迭代计划之前必须要满足的一组标准，而这组标准需要团队达成一致并突出地展示出来。

来源：http://guide.agilealliance.org/guide/definition-of-ready.html

职业紧张（déformation professionnelle）

职业紧张是指从职业角度而不是更宽广的视角看待事情的倾向。这常常翻译为"职业形变"或"职业调节"。其隐含的意思是，职业培训及其相关的社区常常会导致使用一个扭曲的方式看待世界。

来源：http://en.wikipedia.org/wiki/D%C3%A9formation_professionnelle

交付（delivery）

交付是指把一个或多个候选的解决方案转变为产品的一部分或一个版本的工作。

来源：Gottesdiener 和 Gorman 的著作《Discover to Deliver》

交付看板（delivery board）

团队在迭代过程中用来跟踪交付工作的可视化看板墙。

设计（design）

设计是解决方案的一种有用的表现形式。

来源：BABOK v3

设计思维（design thinking）

一种实用的、创造性的解决问题和创建解决方案的形式化方法，用以改进未来的结果。它是一种基于解决方案或或以解决方案为重点的思考——从一个目标（一个更好的未来）出发，而不是解决一个具体的问题。

来源：http://en.wikipedia.org/wiki/Design_thinking

差异化活动（differentiating activities）

差异化活动既是组织的关键任务，也是市场差异化活动。这些活动与组织的可持续的竞争优势相关。

发现（discovery）

发现是指探索、评估并确定潜在交付物的各种选项的工作。

来源：Gottesdiener 和 Gorman 的著作《Discover to Deliver》

发现看板（discovery board）

团队用来跟踪待办事项在进入迭代前准备过程中的进展的可视化看板。

领域（domain）

针对任何解决问题的工作或项目，定义了一组共同的需求、术语和功能的知识体系。

来源：BABOK v3

需求获取（elicitation）

从利益相关者或其他来源迭代地引出并提取信息。

来源：BABOK v3

企业（enterprise）

一个有界的、自定义的、自治的实体，使用一组相关的业务功能为客户和利益相关者创建、交付并获取价值。

来源：BABOK v3

实例（examples）

用真实的例子而不是抽象的陈述来定义系统行为的一种方法。实例经常用来进一步描述用户故事并作为开发和测试的指导。

引导（facilitate）

引导是指以提高参与度、合作、生产力和协同作用等方式，领导并鼓励人们通过系统的努力迈向一致的目标。

来源：BABOKv3

虚假共识效应（false consensus effect）

一种认知偏见，即人们往往高估自己的信念或意见在其他人的信念或意见中作为典型情况的程度。还有一种倾向是人们认为他们的意见、信念、喜好、价值观和习惯是正常的，而且其他人也跟他们的想法一样。

来源：http://en.wikipedia.org/wiki/False-consensus_effect

特性（feature）

特性是解决方案的一个明显特征，实现了一组内聚的需求，并为一组利益相关者交付了价值。

来源：BABOK v3

特性注入（feature Injection）

特性注入是一种分析方法，来源于如下想法：当我们从系统中拉取业务价值时，我们注入代表团队工作（产出）的特性来创造价值（结果）。

举手表决（fist of five）

团队用来调查团队成员意见并帮助达成共识的技术。为了使用这个技术，引导者需要陈述团队将做出的决定，并让大家表明各自的支持程度。根据每个团队成员举出的手指数量来表示支持程度：

1—我非常担心；

2—我要讨论一些小问题；

3—我并非完全同意，但可以支持它；

4—我认为这是一个好主意，并将为此努力工作；

5—这是一个很棒的主意，我希望带头实现它。

来源：http://whatis.techtarget.com/definition/fist-to-five-fist-of-five

Fit

参见 Framework for Integrated Test。

聚焦效应（focusing effect）

当人们只看到一件事情某一方面的重要性时，会发生预测偏差，进而在准确预测未来结果的效用时导致错误。

来源：http://rationalwiki.org/wiki/List_of_cognitive_biases

Framework for Integrated Test

一款自动化的客户测试的开源工具，集成了客户、分析师、测试人员和开发人员的工作。客户提供系统应该如何工作的实例，这些实例以表格的形式存在于 HTML 文件中。这些实例通过开发的测试装置跟软件联系起来，并自动地检查正确性。

来源：http://en.wikipedia.org/wiki/Framework_for_integrated_test

框架效应（framing effect）

框架效应是指根据相同信息呈现方式的不同，得到不同结论的现象。

来源：http://rationalwiki.org/wiki/List_of_cognitive_biases

频率错觉（frequency illusion）

频率错觉是指人们对于刚刚学到或注意到的事物感到随处都能看到的现象。

来源：http://rationalwiki.org/wiki/Frequency_illusion

功能分解（functional decomposition）

功能分解是一种把复杂的系统和概念拆分成一组协作的或相关的功能、效果和组件进行分析的技术。

来源：BABOK v3

功能（functionality）

功能是在产品中实现特性的事物。

走出办公楼（get out of the building）

来自 Steve Blank 的告诫，要真正理解客户需要，就要实地观察。

Gherkin

自动化测试工具 Cucumber 使用的语言。这种语言是商业可理解的特定领域语言，能够描述软件的行为，而无需详细说明该行为是如何实现的。

来源：https://github.com/cucumber/cucumber/wiki/Gherkin

术语表（glossary）

一个包含与项目、解决方案或业务领域相关的术语和附带定义的列表。

来源：http://dictionary.reference.com/browse/glossary

目的（goal）

一个可观察和可衡量的业务成果或结果，包括在固定时间框架内要实现的一个或多个目标。

来源：BABOK v3

群体归因偏差（group attribution error）

这种认知偏见假定群体中的个人同意群体的决策。当人们在群体中做决策时，他们经常遵循群体规则并受到当时群体的社会动态影响，从而弱化自己的真实喜好。

来源：http://changingminds.org/explanations/theories/group_attribution_error.htm

群体思维（groupthink）

这种认知偏见在一个群体的整合欲望超过理性思考和问题对错时就会发生。当这种情况发生时，群体内的个人不会表达他们对团队动态、方向或决策的质疑，因为他们渴望保持一致或统一。

来源：http://rationalwiki.org/wiki/Groupthink

从众心理（herd instinct）

一种普遍的倾向，此时人们采取多数人的意见并遵循大多数人的行为以寻求安全感并避免冲突。

来源：http://rationalwiki.org/wiki/List_of_cognitive_biases

影响地图（impact mapping）

影响地图是一门战略规划技术。通过清晰地沟通假设，帮助团队根据总体业务目标调整其活动，以及做出更好的路线图决策，使用影响地图可以避免组织在构建产品和交付项目的过程中迷失方向。

来源：http://impactmapping.org/about.php

信息辐射器（information radiator）

针对任何手写、绘制、印刷或电子化的信息显示的通用术语。在显眼的位置展现这些事物，以便所有团队成员以及路过的人都能一目了然地看到最新信息：用户故事和任务的进展、自动化测试的数量、团队速率、事件报告、持续集成状态等。

来源：http://guide.agilealliance.org/guide/information-radiator.html

倡议（initiative）

解决业务问题或实现特定变化目标的具体的项目、计划或行动。

来源：BABOK v3

库存周转（inventory turn）

每年库存周转次数，通过每年销售货物成本除以平均库存水平进行计算得出。又称作库存周转率。

来源：www.supplychainmetric.com/inventoryturns.htm

非理性升级（irrational escalation）

在过去理性决策的基础上，或为了证明已经采取的行动的合理性，做出非理性决策的倾向。

来源：http://rationalwiki.org/wiki/List_of_cognitive_biases

IT

信息技术。

迭代（iteration）

在敏捷项目的情境中，迭代是开发过程的时间盒，其时长

- 随项目不同可能不同，通常在 1～4 周；
- 在大多数情况下，在一个特定项目中是固定的。

敏捷方法的一个关键特征就是关于项目的一个基本假设。一个项目只包括一系列迭代，可能的例外是在开发之前有一个简短的“愿景和规划”的阶段，在开发之后有一个类似的简短的“结项”阶段。

基于团队速率和剩余的工作量，迭代的固定长度通常可以让团体用简单的方法获得准确的（虽然不是很精确）项目剩余时间的估算。

来源：http://guide.agilealliance.org/guide/iteration.html

IT 项目（IT Project）

IT 项目是指任何产生解决方案的项目，往往涉及软件，以便支持内部业务流程，还包括自动化人工流程或简化当前的流程。例如，创建用以支持会议投稿流程或计算并交付佣金的系统，报表和数据仓库的解决方案，或实施为非营利学校跟踪学生信息的解决方案，这些都是 IT 项目。

先见性指标（leading indicator）

先见性指标的值的变化能预测另一个值的变化。先见性指标可以用来获得采取的行动对目标的影响的早期评估。

逻辑数据模型（logical data model）

业务领域或应用软件系统所需要的数据的可视化表示，用来探索问题领域的概念以及它们之间的关系。模型的范围可以是一个单一的项目或整个企业。逻辑数据模型描述逻辑实体类型，通常简称为实体类型，数据属性描述这些实体和这些实体间的关系。

来源：www.agiledata.org/essays/dataModeling101.html

损失厌恶（loss aversion）

损失厌恶是指放弃一个事物的损失大于获取它得到的收益。

来源：http://rationalwiki.org/wiki/List_of_cognitive_biases

多数投票（majority vote）

多数投票的决策机制是指根据所有人的投票做出决策。获得超过 50%投票的选项胜出。

方法论（methodology）

方法论是用于解决业务问题的结构，在结构中确定了业务分析任务和技术。

来源：BABOK v3

最小可市场化特性（minimum marketable feature）

一个小的独立特性，可以快速开发并提供显著的价值给用户。

来源：Denne 和 Cleland-Huang 的著作《Software by Numbers》

最小可行产品（minimum viable product）

最小可行产品是来自精益创业中的一个概念，介绍使用最快的方式，以最少的精力完成创建－评估－学习反馈循环。

来源：Ries 的著作《精益创业》

镜像（mirror imaging）

镜像指的是正在被研究的人们像分析师一样思考的一种假设。

来源：http://en.citizendium.org/wiki/Cognitive_traps_for_intelligence_analysis

MMF

参见最小可市场化特性。

妈妈测试（Mom Test）

妈妈测试是一套简单规则，可以用来得到产品或解决方案的一组巧妙问题。针对这些问题，即便是你的妈妈也不能对你撒谎。

来源：Fitzpatrick 的著作《The Mom Test》

MVP

参见最小可行产品。

需要（need）

需要是一个问题、机会或限制，对利益相关者具有潜在价值。

来源：BABOK v3

谈判（negotiation）

谈判是一种决策机制，这种机制的特征在于两方或多方之间讨价还价（妥协）的过程（每一方都有自己的目标、需要和观点），以试图找到一个共同点并做出决策。

来源：www.businessdictionary.com/definition/negotiation.html

目标（objective）

目标是指一个人或组织试图完成的意图或指标，以便达成一个目的。

来源：BABOK v3

观察选择偏见（observation selection bias）

观察选择偏见是注意到之前未曾注意的事物，因而错误地以为被注意到的事物的发生频率增加了的效应。

来源：http://io9.com/5974468/the-most-common-cognitive-biases-that-preventyou-from-being-rational

观察者期望效应（observer-expectancy effect）

当研究者期待一个特定的结果时，潜意识地操作实验或曲解数据以便得到结果的倾向。

来源：http://rationalwiki.org/wiki/List_of_cognitive_biases

第一关键指标（one metric that matters，OMTM）

第一关键指标是指在当前阶段全力关注的、胜过其他一切的指标。

来源：Croll 和 Yoskovitz 的著作《Lean Analytics》

组织（organization）

组织是指利益相关者的集合，以协作的方式行动并服务于一个共同的目标。组织通常是指一个法律实体。组织包括组织体系。

组织架构图（organization chart）

组织架构图是指一个公司希望其权力、责任和信息如何在正式结构中流动的可视化表现形式。它通常把不同的管理职能（会计、财务、人力资源、市场、生产、研发部门等）及其下属部门描绘为方框，并通过线连接起来。同时决策权沿着线下行，而问题回答能力在上行。

来源：www.businessdictionary.com/definition/organization-chart.html

成果（outcome）

IT 项目的结果表现为组织的改变和利益相关者行为的改变。

产出（output）

产出是指团队作为 IT 项目的一部分交付的任何东西。这包括软件、文档、流程和其他事物，这些都是用于衡量项目进展的事物。

校验活动（parity activity）

校验活动是基于目的的对准模型中的一类活动，这类活动是组织的关键任务，但不能让组织在市场中跟其他竞争者形成差异化。处理这类活动的合适的方式是模仿、完成、维持并进行简化。

PDSA

参见计划－执行－学习－处理循环。

人物角色（persona）

人物角色是解决方案的典型用户。他们对于理解用户角色使用解决方案的情境非常有帮助，并有利于指导设计决策。人物角色的概念来源于 Alan Cooper 的以用户为中心的设计的工作。

转型（pivot）

转型是指有条理的方向性改变，有助于测试新产品、战略和增长引擎的基础假设。

来源：Ries 的著作《精益创业》

计划-执行-学习-处理循环（Plan-Do-Study-Act cycle）

PDSA 循环是一系列系统性的步骤，用于获得产品或流程持续改进的宝贵经验和知识。PDSA 循环也被称为“戴明轮”或“戴明环”。这一概念和应用最初由戴明的导师——位于纽约著名的贝尔实验室的 Walter Shewhart 博士——介绍给戴明博士。

来源：www.deming.org/theman/theories/pdsacycle

问题一解决方案匹配（problem-solution fit）

精益创业的一个条件，即你已经找到一个值得解决的问题，这可以通过以下3个问题来确定。

- 解决方案是否是客户想要的？（必要性）
- 他们是否愿意为解决方案掏钱？如果不愿意，那么谁来买单？（发展性）
- 解决方案是否能够真正解决问题？（可行性）

来源：Maurya 的著作《Running Lean》

问题陈述（problem statement）

问题陈述是一组结构化的陈述，描述了一个项目的目的，即它要解决什么问题：

- 问题；
- 影响谁；
- 产生的影响是；
- 成功的解决方案是。

过程流（process flow，过程建模）

过程流是一个标准化的图形模型，用于显示工作如何进行，可以作为流程分析的基础。

来源：BABOK v3

产品（product）

通常在项目的情境中，产品是团队投入的结果，可能是指卖给外部客户的商业产品，也可能是组织内部使用的系统。在本书中，产品表示项目的结果，生产产品的目的是直接销售给产品生产组织之外的实体。

项目集（program）

项目集是指以协同方式管理的一组相关的项目，以便于获得单独管理时无法得到的利益和控制能力。

来源：项目管理协会《The Standard for Program Management, Second Edition》

项目（project）

项目是指为创造独特的产品、服务或成果而进行的临时性工作，通常具有明确的开始时间和结束时间。

来源：项目管理协会《A Guide to the Project Management Body of Knowledge, Fourth Edition》

项目文档（project documentation）

团队在项目过程中创建的文档，其主要目的是针对所需的变化建立共识。

项目机会评估（project opportunity assessment）

当评估项目机会时要问十个问题，以获得项目的更多信息并确定其是否值得开展。这个评估受到 Marty Cagan 的产品机会评估的启发。

基于目的的对准模型（purpose-based alignment model）

这个模型针对组织的活动进行分类，分类的依据是它们是否是市场差异化活动和关键任务。以这种方式将项目归类可以让你决定项目的设计方式以及项目的战略重点。

真实期权（real options）

真实期权是由 Chris Matts 提出的一个原则，用于促使推迟决策到职责要求的最后时刻。

来源：www.infoq.com/articles/real-options-enhance-agility

近因效应（recency bias）

近因效应是认为近期观察到的趋势和模式将会在未来继续的倾向。

来源：skepdic.com/recencybias.html

版本（release）

版本是指在一个或多个迭代完成的产品可部署的增量。

版本待办列表（release backlog）

产品待办列表的一个子集，这个子集包括团队在一个特定版本中要交付的工作。

发布计划（release planning）

发布计划是指一个团队或几个团队之间的协作式讨论，以便决定在未来的一段时间内要交付的特性。通常发布计划覆盖的时间范围从几周到几个月不等。

模拟报告（report mockup）

模拟报告是在协同建模时创建的报告原型，以便于引导讨论利益相关者的报表需求。

需求（requirement）

需求是需要的一种有用的表示形式。

来源：BABOK v3

反应偏差（response bias）

反应偏差是指由于度量过程中的问题导致的偏差。这种例子包括引导式提问（问题的措辞可能会过分的偏好其中一个回答）和社会期望（人们在调查问卷中不愿意承认令人讨厌的态度或非法的活动）。

来源：http://stattrek.com/statistics/dictionary.aspx?definition=response+bias

回顾（retrospective）

回顾是团队定期举行的会议，通常和迭代的节奏一致。帮助团队明确地反思从上次这样的会议以来发生的重要事件，并识别整治或改进。

来源：http://guide.agilealliance.org/guide/heartbeatretro.html

风险（risk）

风险是一个尚未发生的事件，一旦发生就会让利益相关者遭受损失。

RuleSpeak

RuleSpeak 由 Ron Ross 创建，是一套能以简明且业务友好的方式表达业务规则的指导原则。

来源：www.rulespeak.com/en/

范围（scope）

范围是指一组相关活动以及主题的描述和边界。

来源：BABOK v3

塞麦尔维斯反射（Semmelweis reflex）

塞麦尔维斯反射是指条件反射般地否定、拒绝新证据或新知识，因其抵触现有的常规、信仰或价值观。这个名字来自 Ignaz Semmelweis 的故事，有人认为这是一个神话：www.bestthinking.com/articles/science/biology_and_nature/bacteriology/

expert-skeptics-suckered-again-incredibly-the-famous-semmelweis-story-isanother-supermyth。

来源：http://en.wikipedia.org/wiki/Semmelweis_reflex

服务（service）

服务是指从利益相关者角度出发，为他们完成的工作或履行的职责。

六个问题（six questions）

六个问题是指由 Niel Nickolaisen 使用的一组问题，用来识别组织的差异化活动，同时考虑这些差异化活动的影响。

SME

参见行业专家。

解决方案（solution）

解决方案是指在情境中满足一个或多个需要的具体方法。

来源：BABOK v3

项目发起人（sponsor）

通过提供财政资源并对倡议或解决方案的成功最终负责的方式，授权开展倡议或解决方案并使其合理化的利益相关者。

自发的一致（spontaneous agreement）

当一个解决方案受到每个人的青睐，并 100%的完全一致似乎自动发生时，自发的一致就发生了。这种决策通常进行得很快。但它们相当罕见，而且常常发生在琐碎或简单的问题上。

来源：http://volunteermaine.org/blog/making-group-decisions-%E2%80%93-six-options

利益相关者（stakeholder）

利益相关者是与变更或解决方案相关的团体或个人。

来源：BABOK v3

利益相关者分析（stakeholder analysis）

利益相关者分析技术用于识别受项目影响或可以影响项目的关键人员，并确定和他们打交道的最好方式。

利益相关者地图（stakeholder map）

利益相关者地图是一个 2 乘 2 的矩阵，根据利益相关者在项目中的影响力和利益相关程度将他们分类到 4 个象限中，每个象限都提供了关于如何跟利益相关者打交道的指导。

初创企业（startup）

在充满不确定性的情况下，以开发新产品和新服务为目的而设立的组织。

来源：Ries 的著作《精益创业》

状态转移图（state transition diagram）

一种用于描述系统行为的分析技术。状态图显示整个系统或系统中的实体可以处于的各种状态，而事件是导致状态改变的原因。

故事板（storyboard）

故事板是一种用户体验技术。当用户和系统交互时，用户可能经历的各种用户界面或页面的体验流可以通过故事板显示出来。

故事地图（story mapping）

故事地图实践旨在提供一种更加结构化的方法进行发布计划。在故事地图中，把用户故事按照两个独立的维度进行排序。用户活动在地图的横轴按优先顺序排列（或“为了解释系统行为，你描述活动时使用的顺序”进行排列）。在地图的纵轴，它代表越来越复杂的实现。

给定一个这样排列的故事地图，第一行就代表“行走的骨架”，即仅包含骨骼但依然有用的产品版本。而通过后续每一行的工作，为产品充实了更多功能的血肉。

来源：http://guide.agilealliance.org/guide/storymap.html

战略（strategy）

这一框架使得公司了解他们在做什么以及想要做什么，以便从长远来看能够建立一个可持续的竞争优势。

战略分析（strategy analysis）

战略分析是业务分析知识体系的一个知识域，描述了业务分析工作与利益相关者合作进行的必要性，以帮助企业识别战略需要或战术的重要性（即业务需要），并能够满足这一需要，同时对齐该战略与更高层或更低层战略的变化。

来源：BABOK v3

行业专家（subject matter expert）

在问题域的某个方面，或者对于潜在解决方案的选项或组件具有特定专业知识的利益相关者。

生存偏见（survivorship bias）

生存偏见是一种选择偏见，即，更加关注存活到现在的事物，而忽略那些未能幸存的事物。

来源：http://rationalwiki.org/wiki/List_of_cognitive_biases

系统文档（system documentation）

系统文档是解决方案的重要信息，作为日后系统维护或更新的参考。系统文档要根据系统功能而不是系统进行变更的顺序进行组织，从而使得维护解决方案的人能够更加容易地找到所需的信息。

团队（team）

团队是指共同努力实现一个共同目标的一群人。

得克萨斯神枪手谬误（Texas sharpshooter fallacy）

这一谬误是指在数据收集之后，选择假设或调整假设，从而使这一假设不可能得到公正的检验。

主题（theme）

主题是用户故事的聚合，可以显示交付的业务价值，并帮助设置优先级，同时在更高层面显示已计划的产品交付物。

义勇三奇侠（three amigos）

具有不同视角的人（通常来自业务、开发和测试）聚在一起讨论用户故事，以确保该故事已经准备就绪，可以进入迭代计划。

三重约束（triple constraints）

三重约束是指成本、时间和范围约束。

两张披萨饼原则（two-pizza rule）

这一理念是指参与人数的合适规模是可以用两张披萨饼喂饱。这一原则由Amazon 的 Jeff Bezos 提出。

用户分析（user analysis）

用户分析是一种分析技术，可以帮助你理解谁使用解决方案，他们可以做什么，以及他们的使用环境。

用户建模（user modeling）

用户建模是一种分析技术，可以帮助针对解决方案的用户角色的对话提供结构化指导，从而得到一份达成一致的用户角色列表。这个用户角色列表可以用来对工作进行组织并识别功能上的遗漏。

用户角色（user role）

一组定义的属性，可以用来描述一组用户以及他们与系统预期的交互行为。

来源：Cohn 的著作《User Stories Applied》

用户故事（user story）

用户故事是产品特性的一个描述，用于制定计划和确定范围的目的。用户故事会被拆分为细粒度，从而能在一个迭代完成并提供价值。

价值（value）

价值是指某个事物在情境中对利益相关者是值得的或具有重要性。

来源：BABOK v3

价值点（value points）

价值点是敏捷软件开发中的一种技术，即产品特性获得一些点来表示它们的相对价值。

价值流图（value stream map）

价值流图是一种精益管理方法，用来为一系列事件分析当前状态并设计未来状态，而这一系列事件就是产品或服务从起始到交付给客户所经历的步骤。

来源：http://en.wikipedia.org/wiki/Value_stream_mapping

虚荣指标（vanity metrics）

虚荣指标易于度量易于操作，但不能为决策制定或采取行动提供有用的信息。

可视化看板（visualization board）

由 Chris Matts 提出的术语，用于描述通用的信息辐射器。

无用的活动（“who cares”activities）

无用的活动是在基于目的的对准模型中分类的一种活动。这些活动既不是关键任务，也不能形成市场差异化。处理这些活动的合适方法就是减少或消除它们。

线框图（wireframe）

线框图是 Web 页面的可视化表示形式，用来显示每个条目应当如何放置。

来源：www.quickfocus.com/blog/difference-between-wireframe-prototype-mockup

工作组（work group）

工作组是指在项目中一起工作的，但彼此并不互相帮忙，而且努力的目标可能并不相同，甚至是相互冲突的一群人。

参考文献

Adzic, Gojko. *Bridging the Communication Gap: Specification by Example and Agile Acceptance Testing*. Neuri Limited, 2009.

——. *Impact Mapping: Making a Big Impact with Software Products and Projects*. Provoking Thoughts, 2012.

——. *Specification by Example: How Successful Teams Deliver the Right Software*. Manning Publications, 2011.

Adzic, Gojko, Ingrid Domingues, and Johan Berndtsson. "Getting the Most Out of Impact Mapping." *InfoQ*. www.infoq.com/articles/most-impact-mapping.

Agile Alliance. "Definition of Done." http://guide.agilealliance.org/guide/definition-of-done.html.

——. "Definition of Ready." http://guide.agilealliance.org/guide/definitionofready.html.

Agile Modeling. "Agile Models Distilled: Potential Artifacts for Agile Modeling." http://agilemodeling.com/artifacts/.

——. "Inclusive Modeling: User Centered Approaches for Agile Software Development." http://agilemodeling.com/essays/inclusiveModels.htm.

Ambler, Scott. "Best Practices for Agile/Lean Documentation." www.agilemodeling.com/essays/agileDocumentationBestPractices.htm.

——. "Personas: An Agile Introduction." www.agilemodeling.com/ artifacts/personas. htm.

Ariely, Dan. *Predictably Irrational: The Hidden Forces That Shape Our Decisions*. Harper Perennial, 2010.

Blank, Steve. *Four Steps to the Epiphany*. K & S Ranch, 2013.

Cagan, Marty. *Inspired: How to Create Products Customers Love*. SVPG Press, 2008.

Campbell-Pretty, Em. "Adventures in Scaling Agile." www.prettyagile.com/2014/02/how-i-fell-in-love-with-impact-mapping.html.

Cohn, Mike. *User Stories Applied: For Agile Software Development*. Addison-Wesley, 2004.

Cooper, Alan. *The Inmates Are Running the Asylum: Why High-Tech Products Drive Us Crazy and How to Restore the Sanity*. Sams Publishing, 2004.

Cooper, Brant, and Patrick Vlaskovits. *The Entrepreneur's Guide to Customer Development: A "Cheat Sheet" to The Four Steps to the Epiphany*. Cooper-Vlaskovits, 2010.

Croll, Alistair, and Benjamin Yoskovitz. *Lean Analytics: Use Data to Build a Better Startup Faster*. O'Reilly Media, 2013.

Denne, Mark, and Jane Cleland-Huang. *Software by Numbers: Low Risk, High-Return Development*. Prentice Hall, 2004.

Elssamadisy, Amr. "An Interview with the Authors of 'Stand Back and Deliver: Accelerating Business Agility.'" www.informit.com/articles/article.aspx?p=1393062.

Fichtner, Abby. "Lean Startup: How Development Looks Different When You're Changing the World." www.slideshare.net/HackerChick/lean-startuphow-development-looks-different-when-youre-changing-the-world-agile-2011.

Fit "Customer Guide." http://fit.c2.com/wiki.cgi?CustomerGuide.

Fitzpatrick, Rob. *The Mom Test: How to Talk to Customers and Learn If Your Business Is a Good Idea When Everyone Is Lying to You*. CreateSpace Independent Publishing Platform, 2013.

Gamestorming. "Stakeholder Analysis." www.gamestorming.com/games-fordesign/stakeholder-analysis/.

Gherkin description in Cucumber Wiki. https://github.com/cucumber/cucumber/wiki/Gherkin.

Gilb, Tom. *Competitive Engineering: A Handbook for Systems Engineering, Requirements Engineering, and Software Engineering Using Planguage*. Butterworth Heinemann, 2005.

Gottesdiener, Ellen. "Decide How to Decide." *Software Development Magazine 9, no. 1 (January 2001)*. www.ebgconsulting.com/Pubs/Articles/DecideHowToDecide-Gottesdiener.pdf.

——. *The Software Requirements Memory Jogger: A Pocket Guide to Help Software and Business Teams Develop and Manage Requirements*. Goal/QPC, 2005.

Gottesdiener, Ellen, and Mary Gorman. *Discover to Deliver: Agile Product Planning and Analysis*. EBG Consulting, 2012.

Hubbard, Douglas. *How to Measure Anything: Finding the Value of "Intangibles" in Business*. Wiley, 2014. "Impact Mapping." http://impactmapping.org/.

International Institute of Business Analysis (IIBA). *A Guide to the Business Analysis Body of Knowledge (BABOK Guide), Version 3*. IIBA, 2015.

Kahneman, Daniel. *Thinking, Fast and Slow*. Farrar, Straus and Giroux, 2013.

Keogh, Liz. "Acceptance Criteria vs. Scenarios." http://lizkeogh.com/2011/06/20/acceptance-criteria-vs-scenarios/.

——. *Behaviour-Driven Development: Using Examples in Conversation to Illustrate Behavior—A Work in Progress*. https://leanpub.com/bdd.

——. Collection of BDD-related links. http://lizkeogh.com/behaviourdrivendevelopment/.

Lacey, Mitch. "Definition of Done." www.mitchlacey.com/intro-to-agile/scrum/definition-of-done.

Laing, Samantha, and Karen Greaves. Growing Agile: A Coach's Guide to Agile Requirements. 2014. https://leanpub.com/agilerequirements.

Linders, Ben. "Using a Definition of Ready." InfoQ. www.infoq.com/news/ 2014/06/using-definition-of-ready.

Little, Todd. "The ABCs of Software Requirements Prioritization." June 22, 2014. http://toddlittleweb.com/wordpress/2014/06/22/the-abcs-of-softwarerequirements-prioritization/.

Maassen, Olav, Chris Matts, and Chris Geary. *Commitment: Novel about Managing Project Risk*. Hathaway te Brake Publications, 2013.

Mamoli, Sandy. "On Acceptance Criteria for User Stories." http://nomad8.com/acceptance_criteria/.

"The Manifesto for Agile Software Development." http://agilemanifesto.org/.

Matts, Chris, and Andy Pols. "The Five Business Value Commandments." http://agileconsortium.pbworks.com/f/Cutter+Business+Value+Article.pdf.

Maurya, Ash. *Running Lean: Iterate from Plan A to a Plan That Works*. O'Reilly Media, 2012.

McDonald, Kent J. "Comprehensive Documentation Has Its Place." StickMinds.com. https://well.tc/qxv.

——. "Decision Filters." www.beyondrequirements.com/decisionfilters/.

——. "How Visualization Boards Can Benefit Your Team." Stickyminds.com. https://well.tc/5Rb.

MindTools. "Stakeholder Analysis." www.mindtools.com/pages/article/newPPM_07.htm.

Patton, Jeff. "Personas, Profiles, Actors, & Roles: Modeling Users to Target Successful Product Design," http://agileproductdesign.com/presentations/user_modeling/index.html.

——. *User Story Mapping: Discover the Whole Story, Build the Right Product*. O'Reilly Media, 2014.

——. "User Story Mapping." www.agileproductdesign.com/presentations/user_story_mapping/.

Pixton, Pollyanna, Paul Gibson, and Niel Nickolaisen. *The Agile Culture: Leading through Trust and Ownership*. Addison-Wesley, 2014.

Pixton, Pollyanna, Niel Nickolaisen, Todd Little, and Kent McDonald. *Stand Back and Deliver: Accelerating Business Agility*. Addison-Wesley, 2009.

"Principles behind the Agile Manifesto." http://agilemanifesto.org/principles.html.

Project Management Institute. *A Guide to the Project Management Body of Knowledge*, Fourth Edition. PMI, 2009.

——. *The Standard for Program Management, Second Edition*. PMI, 2011.

Rath & Strong Management Consultants. *Rath & Strong's Six Sigma Pocket Guide*. Rath & Strong, 2000.

Ries, Eric. *The Lean Startup: How Today's Entrepreneurs Use Continuous Innovation to Create Radically Successful Businesses*. Crown Business, 2011.

——. "Vanity Metrics vs. Actionable Metrics." www.fourhourworkweek.com/blog/2009/05/19/vanity-metrics-vs-actionable-metrics/.

Ross, Ron. "RuleSpeak." www.rulespeak.com/en/.

Rothman, *Johanna. Manage Your Project Portfolio: Increase Your Capacity and Finish More Projects*. Pragmatic Bookshelf, 2009.

Royce, Winston W. "Managing the Development of Large Software Systems." *Proceedings, IEEE Wescon*. August 1970, pp. 1–9. www.serena.com/docs/agile/papers/Managing-The-Development-of-Large-Software-Systems.pdf.

Scrum.org. "Definition of Done." www.scrum.org/Resources/Scrum-Glossary/Definition-of-Done.

Van Cauwenberghe, Pascal. "What Is Business Value Then?" http://blog.nayima.be/2010/01/02/what-is-business-value-then/.